人工智能专业核心教材体系建设——建议使用时间

| 人工智能核心 | 数理基础 专业基础 | 智能感知 | 人工智能系统、设计智能 | 人工智能实践 |

四年级上

| 理论计算机科学导引 | 人工智能导引 | 计算机视觉导论 | 设计认知与设计智能 |

三年级下

| 人工智能伦理与安全 | 自然语言处理导论 | 人工智能芯片与系统 |

三年级上

| 优化基本理论与方法 | 面向对象的程序设计 | 高级数据结构与算法分析 | 机器学习 |

二年级下

| 数据结构基础 | 人工智能基础 | 认知神经科学导论 |

二年级上

| 概率论 | 线性代数II | 高等数学理论基础 |

一年级下

| 数学分析II |

| 数学分析I | 线性代数I | 程序设计与算法基础 |

一年级上

面向新工科专业建设计算机系列教材

AI大模型系统开发技术

鞠时光 周从华 宋香梅 王秀红 编著

清华大学出版社
北京

内容简介

本书系统介绍行业 AI 大模型系统开发技术。全书共 10 章，主要内容包括 AI 大模型概述、AI 基础算法、深度学习技术与工具、生成式模型、数据标注技术、注意力机制、Transformer 架构解析、自然语言处理中的预训练模型、微调技术以及大语言模型系统安全技术。本书内容逻辑清晰、循序渐进，从理论到实践，从算法到工程实现，引导读者深入理解和逐步掌握行业 AI 大模型开发关键技术和方法。

本书适合作为高等学校理工科研究生、计算机相关专业高年级本科生相关专业课教材，也可供行业 AI 大模型系统开发人员参考。

图书在版编目（CIP）数据

AI 大模型系统开发技术/鞠时光等编著. -- 北京：清华大学出版社，2025.4.
（面向新工科专业建设计算机系列教材）. -- ISBN 978-7-302-68608-8

Ⅰ. TP18

中国国家版本馆 CIP 数据核字第 2025WX1865 号

策划编辑：白立军
责任编辑：杨　帆　战晓雷
封面设计：刘　键
责任校对：王勤勤
责任印制：沈　露

出版发行：清华大学出版社
　　　　网　　　址：https://www.tup.com.cn，https://www.wqxuetang.com
　　　　地　　　址：北京清华大学学研大厦 A 座　　　　　　邮　　编：100084
　　　　社 总 机：010-83470000　　　　　　　　　　　　邮　　购：010-62786544
　　　　投稿与读者服务：010-62776969，c-service@tup.tsinghua.edu.cn
　　　　质量反馈：010-62772015，zhiliang@tup.tsinghua.edu.cn
　　　　课件下载：https://www.tup.com.cn，010-83470236
印 装 者：三河市铭诚印务有限公司
经　　销：全国新华书店
开　　本：185mm×260mm　　印　张：10.75　　插页：1　　字　数：247 千字
版　　次：2025 年 5 月第 1 版　　　　　　　　　　　　印　次：2025 年 5 月第 1 次印刷
定　　价：59.00 元

产品编号：107900-01

出版说明

一、系列教材背景

人类已经进入智能时代，云计算、大数据、物联网、人工智能、机器人、量子计算等是这个时代最重要的技术热点。为了适应和满足时代发展对人才培养的需要，2017 年 2 月以来，教育部积极推进新工科建设，先后形成了"复旦共识"、"天大行动"和"北京指南"，并发布了《教育部高等教育司关于开展新工科研究与实践的通知》《教育部办公厅关于推荐新工科研究与实践项目的通知》，全力探索形成领跑全球工程教育的中国模式、中国经验，助力高等教育强国建设。新工科有两个内涵：一是新的工科专业；二是传统工科专业的新需求。新工科建设将促进一批新专业的发展，这批新专业有的是依托于现有计算机类专业派生、扩展而成的，有的是多个专业有机整合而成的。由计算机类专业派生、扩展形成的新工科专业有计算机科学与技术、软件工程、网络工程、物联网工程、信息管理与信息系统、数据科学与大数据技术等。由计算机类学科交叉融合形成的新工科专业有网络空间安全、人工智能、机器人工程、数字媒体技术、智能科学与技术等。

在新工科建设的"九个一批"中，明确提出"建设一批体现产业和技术最新发展的新课程""建设一批产业急需的新兴工科专业"。新课程和新专业的持续建设，都需要以适应新工科教育的教材作为支撑。由于各个专业之间的课程相互交叉，但是又不能相互包含，所以在选题方向上，既考虑由计算机类专业派生、扩展形成的新工科专业的选题，又考虑由计算机类专业交叉融合形成的新工科专业的选题，特别是网络空间安全专业、智能科学与技术专业的选题。基于此，清华大学出版社计划出版"面向新工科专业建设计算机系列教材"。

二、教材定位

教材使用对象为"211 工程"高校或同等水平及以上高校计算机类专业及相关专业学生。

三、教材编写原则

(1) 借鉴 *Computer Science Curricula* 2013(以下简称 CS2013)。CS2013 的核心知识领域包括算法与复杂度、体系结构与组织、计算科学、离散结构、图形学与可视化、人机交互、信息保障与安全、信息管理、智能系统、网络与通信、操作系统、基于平台的开发、并行与分布式计算、程序设计语言、软件开发基础、软件工程、系统基础、社会问题与专业实践等内容。

(2) 处理好理论与技能培养的关系,注重理论与实践相结合,加强对学生思维方式的训练和计算思维的培养。计算机专业学生能力的培养特别强调理论学习、计算思维培养和实践训练。本系列教材以"重视理论,加强计算思维培养,突出案例和实践应用"为主要目标。

(3) 为便于教学,在纸质教材的基础上,融合多种形式的教学辅助材料。每本教材可以有主教材、教师用书、习题解答、实验指导等。特别是在数字资源建设方面,可以结合当前出版融合的趋势,做好立体化教材建设,可考虑加上微课、微视频、二维码、MOOC 等扩展资源。

四、教材特点

1. 满足新工科专业建设的需要

系列教材涵盖计算机科学与技术、软件工程、物联网工程、数据科学与大数据技术、网络空间安全、人工智能等专业的课程。

2. 案例体现传统工科专业的新需求

编写时,以案例驱动,任务引导,特别是有一些新应用场景的案例。

3. 循序渐进,内容全面

讲解基础知识和实用案例时,由简单到复杂,循序渐进,系统讲解。

4. 资源丰富,立体化建设

除了教学课件外,还可以提供教学大纲、教学计划、微视频等扩展资源,以方便教学。

五、优先出版

1. 精品课程配套教材

主要包括国家级或省级的精品课程和精品资源共享课的配套教材。

2. 传统优秀改版教材

对于已经出版、得到市场认可的优秀教材,由于新技术的发展,计划给图书配上新的教学形式、教学资源的改版教材。

3. 前沿技术与热点教材

反映计算机前沿和当前热点的相关教材,例如云计算、大数据、人工智能、物联网、网络空间安全等方面的教材。

六、联系方式

联系人：白立军

联系电话：010-83470179

联系和投稿邮箱：bailj@tup.tsinghua.edu.cn

面向新工科专业建设计算机系列教材编委会

2019 年 6 月

面向新工科专业建设计算机系列教材编委会

主　任：

张尧学　清华大学计算机科学与技术系教授　中国工程院院士/教育部高等学校软件工程专业教学指导委员会主任委员

副主任：

陈　刚	浙江大学	副校长/教授
卢先和	清华大学出版社	总编辑/编审

委　员：

毕　胜	大连海事大学信息科学技术学院	院长/教授
蔡伯根	北京交通大学计算机与信息技术学院	院长/教授
陈　兵	南京航空航天大学计算机科学与技术学院	院长/教授
成秀珍	山东大学计算机科学与技术学院	院长/教授
丁志军	同济大学计算机科学与技术系	系主任/教授
董军宇	中国海洋大学信息科学与工程学部	部长/教授
冯　丹	华中科技大学计算机学院	副校长/教授
冯立功	战略支援部队信息工程大学网络空间安全学院	院长/教授
高　英	华南理工大学计算机科学与工程学院	副院长/教授
桂小林	西安交通大学计算机科学与技术学院	教授
郭卫斌	华东理工大学信息科学与工程学院	副院长/教授
郭文忠	福州大学	副校长/教授
郭毅可	香港科技大学	副校长/教授
过敏意	上海交通大学计算机科学与工程系	教授
胡瑞敏	西安电子科技大学网络与信息安全学院	院长/教授
黄河燕	北京理工大学计算机学院	院长/教授
雷蕴奇	厦门大学计算机科学系	教授
李凡长	苏州大学计算机科学与技术学院	院长/教授
李克秋	天津大学计算机科学与技术学院	院长/教授
李肯立	湖南大学	副校长/教授
李向阳	中国科学技术大学计算机科学与技术学院	执行院长/教授
梁荣华	浙江工业大学计算机科学与技术学院	执行院长/教授
刘延飞	火箭军工程大学基础部	副主任/教授
陆建峰	南京理工大学计算机科学与工程学院	副院长/教授
罗军舟	东南大学计算机科学与工程学院	教授
吕建成	四川大学计算机学院(软件学院)	院长/教授
吕卫锋	北京航空航天大学	副校长/教授
马志新	兰州大学信息科学与工程学院	副院长/教授

毛晓光	国防科技大学计算机学院	副院长/教授
明　仲	深圳大学计算机与软件学院	院长/教授
彭进业	西北大学信息科学与技术学院	院长/教授
钱德沛	北京航空航天大学计算机学院	中国科学院院士/教授
申恒涛	电子科技大学计算机科学与工程学院	院长/教授
苏　森	北京邮电大学	副校长/教授
汪　萌	合肥工业大学	副校长/教授
王长波	华东师范大学计算机科学与软件工程学院	常务副院长/教授
王劲松	天津理工大学计算机科学与工程学院	院长/教授
王良民	东南大学网络空间安全学院	教授
王　泉	西安电子科技大学	副校长/教授
王晓阳	复旦大学计算机科学技术学院	教授
王　义	东北大学计算机科学与工程学院	教授
魏晓辉	吉林大学计算机科学与技术学院	教授
文继荣	中国人民大学信息学院	院长/教授
翁　健	暨南大学	副校长/教授
吴　迪	中山大学计算机学院	副院长/教授
吴　卿	杭州电子科技大学	教授
武永卫	清华大学计算机科学与技术系	副主任/教授
肖国强	西南大学计算机与信息科学学院	院长/教授
熊盛武	武汉理工大学计算机科学与技术学院	院长/教授
徐　伟	陆军工程大学指挥控制工程学院	院长/副教授
杨　鉴	云南大学信息学院	教授
杨　燕	西南交通大学信息科学与技术学院	副院长/教授
杨　震	北京工业大学信息学部	副主任/教授
姚　力	北京师范大学人工智能学院	执行院长/教授
叶保留	河海大学计算机与信息学院	院长/教授
印桂生	哈尔滨工程大学计算机科学与技术学院	院长/教授
袁晓洁	南开大学计算机学院	院长/教授
张春元	国防科技大学计算机学院	教授
张　强	大连理工大学计算机科学与技术学院	院长/教授
张清华	重庆邮电大学	副校长/教授
张艳宁	西北工业大学	副校长/教授
赵建平	长春理工大学计算机科学技术学院	院长/教授
郑新奇	中国地质大学(北京)信息工程学院	院长/教授
仲　红	安徽大学计算机科学与技术学院	院长/教授
周　勇	中国矿业大学计算机科学与技术学院	院长/教授
周志华	南京大学计算机科学与技术系	系主任/教授
邹北骥	中南大学计算机学院	教授

秘书长：

白立军	清华大学出版社	副编审

FOREWORD

前言

人工智能(AI)的研究可以追溯到 20 世纪中叶,当时的研究者试图通过模拟人类智能解决问题。然而,早期的 AI 系统由于计算能力和数据的限制,功能较为有限。进入 21 世纪后,得益于计算能力的提升和大数据的广泛应用,机器学习尤其是深度学习迅速崛起。2012 年,AlexNet 在 ImageNet 大赛上取得的突破性成果标志着深度学习时代的到来。随后,谷歌、Facebook、微软等科技巨头相继投入大量资源,推动了 AI 技术的飞速发展,深刻地改变了人们生活的方方面面。无论是自动驾驶汽车、智能家居设备还是医疗诊断系统,AI 的身影无处不在。

AI 大模型的出现是 AI 发展中的一个里程碑。2018 年,Google 公司推出了 BERT 模型,它在多个自然语言处理任务上取得了前所未有的成绩。紧随其后,OpenAI 公司发布了 GPT 系列模型,特别是大规模的参数和强大的生成能力,彻底改变了人们对 AI 的认知。这些大模型在工业界迅速得到应用,涵盖了从文本生成、翻译到编程辅助各个领域。

本书旨在引导读者深入理解和掌握 AI 大模型开发的关键技术和方法。本书从理论到实践,从算法到工程实现,全面介绍如何系统地构建高效、面向行业的 AI 大模型系统。本书可作为工科各专业研究生、高年级计算机相关专业本科生、工程师及相关技术开发人员学习 AI 大模型技术的教材或参考书。考虑非计算机专业的技术人员学习 AI 技术的需要,本书的第 1 章对 AI 大模型进行概要介绍。第 2 章对 AI 基础算法进行介绍。第 3 章对深度学习技术与工具进行介绍。第 4~10 章系统阐述行业大模型构建、开发相关技术以及预训练大模型的流程等。

本书的写作得到了许多人的帮助和支持。在此,特别感谢那些为 AI 技术的发展做出贡献的科学家和工程师们。感谢在博客上分享 AI 大模型研究开发经验的众多研究人员。感谢我的家人和朋友,他们的鼓励和支持是我坚持不懈的动力。此外,感谢所有读者对本书的关注和支持。

作 者
2025 年 2 月

CONTENTS

目录

第1章

AI 大模型概述

信息社会先后经历了计算机、互联网、移动互联网和云计算等重要阶段，ChatGPT 等系统的出现标志着信息社会进入了大模型主导的新阶段。各类数字化系统将在 AI(Artificial Intelligence，人工智能)大模型的基础上建立互通、互联的生态系统，并融入社会的方方面面。在未来，人们将与数字技术共同构成一个全新的智能系统，实现信息、模型和行动的紧密无缝连接。

◆ 1.1 AI 大模型的定义

当今的数字化社会，数据以非常丰富的形态存在，既有文本数据，也有多媒体数据，数据的体量也呈现指数级增长。而且云计算可以把成千上万的服务器有效地连接起来，组成一个超级计算机。加之 AI 算法的进步，使得人们能够利用海量数据训练出智能水平比较高的模型，为 AI 大模型的发展提供了坚实基础。

AI 大模型(Large Language Models，LLM)狭义上指基于深度学习算法进行训练的自然语言处理(Natural Language Processing，NLP)模型，主要应用于自然语言理解和生成等领域，广义上还包括机器视觉或计算机视觉(Computer Vision，CV)大模型、多模态大模型和科学计算大模型等。

至今还没有形成一个公认的 AI 大模型定义，归纳研究者从不同的角度给出的定义，可总结如下：AI 大模型是指在机器学习和 AI 领域中具有庞大参数量和复杂结构的模型。泛指使用大量的数据和参数进行训练的 AI 模型，这些模型通常由大量的神经网络层组成，具有数百万到数十亿个参数，需要大量的计算资源和存储空间进行训练和推理。它们通常具有强大的学习和生成能力，可以在多个领域和任务中展现出惊人的表现。

超大规模 AI 模型也是 AI＋云计算的技术表征。也就是说，所有的 AI 大模型都离不开基础设施，特别是云计算这样的计算能力，能够帮助人们对模型进行训练。该系统能够将遍布全球的百万级服务器连成一台超级计算机，通过在线公共服务的方式为社会提供计算能力。通过这一系统实现大规模集群调度，发挥云计算的可扩展和低成本优势，成为支撑 AI 大模型运行的必要条件。云计算为 AI 算力创新发展奠定了坚实的基础。

◈ 1.2 AI 大模型发展概况

AI 大模型发展可以分为 3 个阶段,分别是萌芽期、探索期和迅猛发展期。

1. 萌芽期(1950—2005 年)

在这个阶段,AI 大模型是以卷积神经网络为代表的传统神经网络模型。人工智能的概念最早在 1956 年由计算机科学家麦卡锡提出,并从以小规模的专家知识为基础逐步发展为以机器学习技术为基础。1980 年,卷积神经网络(Convolutional Neural Network,CNN)的早期版本出现。1998 年,现代卷积神经网络的雏形 LeNet-5 问世,这也标志着 AI 从早期的浅层机器学习向深度学习模型的演进。这一转变为自然语言生成、计算机视觉等领域的深入研究奠定了基础,对于后续深度学习框架的发展和大模型的兴起具有开创性意义。

2. 探索期(2006—2019 年)

在这个阶段,以 Transformer 为代表的全新神经网络模型的出现等一系列重要事件推动了深度学习领域的发展。2013 年,自然语言处理模型 Word2Vec 诞生,提出了词向量模型,首次将单词转换为向量,为计算机更好地理解和处理文本数据提供了基础。2014 年,生成对抗网络(Generative Adversarial Network,GAN)问世,它被誉为 21 世纪最强大的算法模型之一,标志着深度学习进入了生成式模型研究的新时代。2017 年,Google 公司引领变革,提出了基于自注意力机制的神经网络结构,即 Transformer 架构,为 AI 大型模型的预训练算法奠定了坚实的基础。2018 年,OpenAI 和 Google 公司分别发布了 GPT-1 与 BERT 等 AI 大模型,宣告了预训练大模型在自然语言处理领域的主导地位。这一阶段以 Transformer 为代表的全新神经网络架构为 AI 大模型的算法奠定了基础,显著提升了 AI 大模型技术的性能。

3. 迅猛发展期(2020 年至今)

在这个阶段,AI 大模型是以 GPT 为代表的大规模预训练模型。自 2020 年以来,深度学习领域迎来了蓬勃发展的新时代,以 GPT 为代表的大规模预训练模型崭露头角。2020 年,OpenAI 公司发布了 GPT-3,其模型参数规模达到了惊人的 1750 亿个,成为当时最庞大的语言模型。该模型不仅在零样本学习任务中取得了显著的性能提升,还为更多的策略和方法奠定了基础。这些方法包括人类反馈强化学习(Reinforcement Learning from Human Feedback,RLHF)、代码预训练、指令微调等,用于提升推理能力和任务泛化性能。2022 年 11 月,ChatGPT 亮相,它搭载了 GPT-3.5 的强大能力,通过逼真的自然语言互动和多场景内容生成引发了广泛热议。2023 年 3 月发布的 GPT-4 更是引人注目,拥有多模态理解和多类型内容生成的能力。在这个阶段,大数据、强大的计算能力和创新的算法相互融合,显著提高了大规模预训练模型的性能,使它们能够应用于多模态多场景的任务。例如,ChatGPT 的巨大成功是在微软公司 Azure 强大的计算能力和大规模数据(如维基百科等)的支持下,在 Transformer 架构的基础上,通过 GPT 模型和 RLHF 策略的精细调节取得的。

1.2.1　语言模型演进

从模型演进来看,AI 大模型的发展先后经历了语言模型、预训练模型、大规模预训练模型、超大规模预训练模型几个阶段。其中,大规模预训练模型和超大规模预训练模型一般出自工业界,参数量实现了万亿级的突破。

语言模型(Language Model,LM)就是一串词序列的概率分布。具体来说,语言模型的作用是为一个长度为 m 的词序列确定一个概率分布 P,表示这段词序列存在的可能性,其计算公式为

$$P(w_1,w_2,\cdots,w_m)=P(w_1)P(w_2|w_1)P(w_3|w_1,w_2)\cdots P(w_m|w_1,w_2,\cdots,w_{m-1})$$

其中,$w_1,w_2,\cdots,w_m$ 为长度为 m 的词序列,$P(w_i)$ 为第 i 个词出现的概率,$P(w_i|w_1,w_2,\cdots,w_{i-1})$ 为在给定前 $i-1$ 个词的情况下第 i 个词出现的概率。

在实践中,如果文本的长度较长,$P(w_i|w_1,w_2,\cdots,w_{i-1})$ 的估算会非常困难,因此,研究者又提出了一个简化模型,即 n 元模型。在 n 元模型中估算条件概率时,只需要对当前词的前 $n-1$ 个词进行计算,一般采用计数的比例估算 n 元条件概率,计算公式如下:

$$P(w_i \mid w_1,w_2,\cdots,w_{i-1})=P(w_i \mid w_{i-(n-1)},\cdots,w_{i-1})$$

$$P(w_i \mid w_{i-(n-1)},\cdots,w_{i-1})=\frac{\text{count}(w_{i-(n-1)},\cdots,w_{i-1},w_i)}{\text{count}(w_{i-(n-1)},\cdots,w_{i-1})}$$

当 n 较大时,会出现数据稀疏问题,导致估算结果不准确。当 n 取 1、2、3 时,n 元模型又可分别称为一元模型、二元模型、三元模型,在百万词级别的语料中,一般仅会用到三元模型。为了缓解 n 元模型估算概率时遇到的数据稀疏问题,研究者提出了神经网络语言模型,代表性工作是 Bengio 等在 2003 年提出的神经网络语言模型(Neural Network Language Model,NNLM)。该模型使用了一个三层前馈神经网络进行建模,其主要贡献在于将神经网络应用于语言模型中,通过为每个单词学习一个分布式表征来实现在连续空间上的建模,有效避免了数据稀疏的问题。其缺点在于只能处理定长的序列。随后,Mikolov 等于 2010 年将递归神经网络(Recursive Neural Network,RNN)应用于语言模型中,提出了 RNN 语言模型(RNNLM),该模型可以用于处理变长的序列,其主要缺点在于 RNN 训练过程中可能会发生梯度消失或者梯度爆炸,导致训练速度变慢或使得参数值无穷大,无法解决长时依赖问题。为了解决这个问题,Sundermeyer 等于 2012 年将长短时记忆网络(Long Short Term Memory,LSTM)引入 RNNLM 中,提出了 LSTM-RNNLM 模型,除了记忆单元和神经网络的部分,LSTM-RNNLM 的架构几乎与 RNNLM 一样。至此,NNLM 逐渐成为主流的语言模型,并得到了迅速发展。

虽然 LSTM-RNNLM 能够解决序列的长时依赖问题,但是对于很长的序列效果也不甚理想。为了更好地捕捉长距离信息,研究者提出了以 Transformer 架构为基础的预训练语言模型(Pretrained Language Model,PLM)。语言模型本质上是根据上下文预测下一个词是什么,不需要人工标注语料,这种无监督训练属性使其非常容易获取海量训练样本,并且训练好的语言模型包含丰富的语义知识,对于下游任务的效果会有非常明显的提升。

Peters 等在 2018 年提出的嵌入语言模型 ELMo 采用了一个正向 LSTM 和一个反向 LSTM 联合训练的方式,每个单词在每层 LSTM 都会产生正向、反向两个嵌入,将每个单词所有层的嵌入拼接在一起,得到这个词在这句话中结合了上下文信息的语义表达。此后,预训练语言模型成为自然语言处理的核心任务之一,越来越多的研究者进入该领域,先后出现了著名的 GPT 系列模型、BERT 系列模型等。

1.2.2 AI 大模型家族

AI 大模型作为新物种,目前已经初步形成包括各参数规模、各种技术架构、各种模态、各种应用场景的大模型家族,如图 1.1 所示。

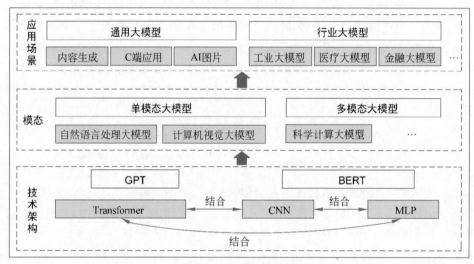

图 1.1 AI 大模型家族

从技术架构看,Transformer 架构是当前 AI 大模型领域主流的算法架构基础,其上形成了 GPT 和 BERT 两条主要的技术路线。在 GPT-3 发布后,GPT 逐渐成为 AI 大模型的主流路线。综合来看,当前几乎所有参数规模超过千亿的大型语言模型都采取 GPT 模式,如百度文心、阿里发布的通义千问等。

从模态看,AI 大模型可分为自然语言处理大模型、计算机视觉(Computer Vision,CV)大模型、科学计算大模型等。AI 大模型支持的模态数量更加多样,从支持文本、图像、语音单一模态下的单一任务逐渐发展为支持多种模态下的多种任务。

从应用场景看,AI 大模型可分为通用大模型和行业大模型两种。通用大模型具有强大的泛化能力,可在不进行微调或少量微调的情况下完成多场景任务,相当于 AI 完成了"通识教育",ChatGPT、华为的盘古都是通用大模型。行业大模型则是利用行业知识对 AI 大模型进行微调,让 AI 完成"专业教育",以满足能源、金融、制造、传媒等不同领域对 AI 大模型的需求,如金融领域的 BloombergGPT、法律领域的 LawGPTzh 以及百度公司基于文心大模型推出的航天-百度文心、辞海-百度文心等。

1.2.3 国内外 AI 大模型研究现状

1. OpenAI 公司的 GPT

2018 年,OpenAI 公司提出了 GPT-1 模型,一个在诸多语言处理任务上都取得了很好结果的算法,即著名的 GPT。GPT 是第一个将 Transformer 与无监督的预训练技术相结合的算法,其效果好于当前已知的算法。该算法是 OpenAI 公司大模型的探索性先驱,也使得后面出现了更强大的 GPT 系列。

针对 GPT-1 模型不具有通用性的问题,OpenAI 公司于 2019 年提出了 GPT-2 模型。OpenAI 公司认为任何一个有监督 NLP 任务都可以看成语言模型的一个子集,语言模型就是无监督的多任务学习。只要预训练语言模型的容量足够大,理论上就能完成任何 NLP 任务。因此,GPT-2 的核心就是提升模型的容量和数据多样性,让语言模型达到能够完成任何任务的水平。

2020 年,OpenAI 公司在 GPT-2 的基础上进一步提出了 GPT-3 模型。OpenAI 公司认为人类仅通过个别的例子或者一个简单的任务说明就可以实现一个新的语言任务。因此,对于所有的 NLP 任务,GPT-3 在应用时不进行梯度更新或者微调,仅使用任务说明和个别示例与模型进行文本交互,同时,GPT-3 也不像 GPT-2 那样追求零样本学习。GPT-3 的参数量达到 1750 亿个,在许多 NLP 的数据集上都有很好的表现。

虽然 GPT-3 模型拥有了强大的能力,但是由于其训练语料来自网络,在文本生成时可能会产生错误的、恶意冒犯的甚至带有攻击性的文本。为了改进 GPT-3 模型,OpenAI 公司提出了人类反馈强化学习(RLHF)技术,用于矫正 GPT-3 的学习行为。通过这样的方式,模型能够得到对用户更安全、更有用且更符合人类想法的结果。ChatGPT 就是由该改进模型提供支持,使其能理解人类不同指令的含义,处理多元化的主题任务,既可以回答用户后续问题,又可以质疑错误问题和拒绝不适当的请求。

2. Google 公司的 BERT

另一类著名的预训练语言模型是 BERT 系列模型,2018 年,Google 公司提出了该模型。它主要有两大创新:一是借助 Transformer 学习双向表示,将多个 Transformer 编码器堆叠在一起,其中,基础 BERT 使用的是 12 层的编码器,大型 BERT 使用的是 24 层的编码器。Transformer 是一种深度学习组件,旨在通过在上下文中共有的条件预先训练来自无标号文本的深度双向表示;二是在预训练方法的基础上,使用掩码语言模型(Masked Language Model,MLM)和下一句预测(Next Sentence Prediction,NSP)技术分别捕捉词语和句子级别的语义表征。因此,经过预先训练的 BERT 模型只需一个额外的输出层就可以进行微调,从而为各种自然语言处理任务生成最新模型。

3. Facebook/Meta 公司的 OPT 和 LLaMA

2022 年 6 月,Facebook 公司发布了开源的大语言模型 OPT,参数规模达 1750 亿。从与 GPT-3 在 14 个任务上的对比情况看,OPT 几乎与 GPT-3 的水平一致。但在运行时产生的碳足迹为 GPT-3 的 1/7。为了方便研究,Meta AI 公开了各种大小的 OPT 模型,从 1.25 亿个参数到 1750 亿个参数的模型都有。

2023 年 2 月,Meta AI 发布大型语言模型 LLaMA,宣称可帮助研究人员降低生成式

AI 工具可能带来的"偏见、有毒评论、产生错误信息的可能性"等。Meta 声称其仅用约 1/10 的参数规模实现了匹敌 OpenAI GPT-3、DeepMind Chinchilla、Google PaLM 等主流 AI 大模型的性能表现。

4. 微软公司的 TNLG

微软公司于 2020 年 2 月发布的 TNLG(Turing Natural Language Generation，图灵自然语言生成)是一款 170 亿个参数的语言模型，它在许多下游 NLP 任务上的表现超过了当时的顶尖水平，在各种语言建模基准测试上的成绩优于之前最顶尖的水平，并且在许多实际任务(包括摘要和问题解答等)上的表现也很出色。TNLG 是基于 Transformer 的生成式语言模型，它可以生成单词以完成开放式文本任务，可以直接回答问题和输入文档摘要。模型越大，预训练数据越多样化和全面，它在泛化到多个下游任务时的表现也越好，即使有更少的训练示例。微软公司认为训练一个大型集中的多任务模型并共享其能力跨多个任务比为每个任务单独训练一个新模型更有效率。

5. 华为公司的盘古

华为云团队于 2021 年 4 月发布了盘古预训练大模型(简称盘古大模型)，可用于 NLP、CV、多模态理解、科学计算以及图网络。

2022 年，华为公司与能源集团合作发布了盘古矿山大模型、盘古气象大模型、盘古海浪大模型、盘古金融 OCR 大模型。华为公司基于底层一站式人工智能开发平台 ModelArts 建立了 L0 基础大模型、L1 行业大模型、L2 场景模型，提供多层服务，通过系统化工程赋能行业。盘古大模型已经在很多领域落地实施。

6. 腾讯公司的混元

腾讯公司于 2022 年 4 月首次对外披露了混元(HunYuan)AI 大模型的研发进展。混元集 NLP、CV、多模态理解能力于一体，先后在 MSR-VTT、MSVD 等五大权威数据集榜单中登顶，实现跨模态领域的"大满贯"。

2022 年 5 月，混元在 CLUE(Chinese Language Understand Evaluation，中文语言理解评测集合)3 个榜单同时登顶，一举打破三项纪录。

2022 年 8 月，混元推出国内首个低成本、可落地的 NLP 万亿参数大模型，并再次登顶 CLUE 自然语言理解任务榜单。混元基于腾讯公司强大的底层算力和低成本高速网络基础设施，依托腾讯公司领先的太极机器学习平台推出的 HunYuan-NLP-1T 大模型，作为业界首个可在工业界海量业务场景直接落地应用的万亿参数 NLP 大模型，先后在热启动和课程学习、MoE 路由算法、模型结构、训练加速等方面进行了优化，大幅降低了万亿参数大模型的训练成本。

当前混元完整覆盖了 NLP 大模型、CV 大模型、多模态大模型、文生图大模型及众多行业/领域任务模型，HunYuan-NLP-1T 大模型已在腾讯公司多个核心业务场景落地，并带来显著的效果提升。

7. 智源人工智能研究院的悟道

悟道由北京智源人工智能研究院于 2020 年 10 月正式启动，为超大规模预训练模型研究项目，旨在以原始创新为基础实现预训练技术的突破，填补以中文为核心预训练大模型的空白，探索通向通用人工智能的实现路径。2021 年 3 月，该研究院发布了中国首个超大规模智能模型——悟道 1.0,训练出中文、多模态、认知、蛋白质预测等系列模型。2021 年 6 月,悟道项目在北京智源大会上发布 2.0 版本科研成果,其中包括 1.75 万亿参数的全球最大通用预训练模型和其他一系列模型、算法、应用等,将中国预训练模型推向新高度。

悟道 2.0 模型一统文本与视觉两大阵地,支撑更多任务,更加通用化。为了促进预训练成果共享应用,悟道项目还将包括模型、算法、工具、API 和数据在内的系列科研成果在悟道官方平台进行了开源。

8. 阿里达摩院的 M6

由阿里达摩院于 2020 年 6 月公布了 M6 的 3 亿参数基础模型。M6 是中文社区最大的跨模态预训练模型,模型参数达到 10 万亿以上,具有强大的多模态表征能力。M6 通过对不同模态的信息进行统一加工处理,沉淀成知识表征,为各个行业场景提供语言理解、图像处理、知识表征等智能服务。训练数据为 1.9TB 文本和 292GB 图像。另外,为了应对模型扩展到千亿及以上参数超大规模时的多模态预训练模型快速迭代训练难题,阿里达摩院在阿里云 PAI 自研 Whale 框架上搭建 MoE 模型,并通过更细粒度的 CPU offload 技术,最终实现将 10 万亿参数放进 512 个 GPU。

9. 百度公司的 ERNIE

百度公司于 2019 年 3 月发布预训练模型 ERNIE 1.0,2019 年 7 月发布 ERNIE 2.0,2021 年 5 月开源四大预训练模型,包括多粒度语言知识模型 ERNIE-Gram、超长文本双向建模预训练模型 ERNIE-Doc、融合场景图知识的跨模态预训练模型 ERNIE-ViL 和语言与视觉一体的预训练模型 ERNIE-UNIMO,2021 年 12 月发布多语言预训练模型 ERNIE-M。

ERNIE 的核心技术采用百度公司自研的基于知识增强的语义理解技术,创新性地将大数据预训练与多源丰富知识相结合,通过持续学习技术,不断吸收海量文本数据中的词汇、结构、语义等方面的新知识,实现模型效果不断进化,显著提升了产品智能化水平。基于 ERNIE 核心技术,百度公司于 2023 年 2 月公开发布文心一言(ERNIE Bot)聊天机器人,这是百度全新一代知识增强大语言模型,能够与人对话互动、回答问题、协助创作,高效便捷地帮助人们获取信息、知识和灵感。

AI 大模型将成为未来几年的研究热点。从产业价值的角度看,预训练大模型带来了一系列可能性,让产学研各界看到了由弱人工智能发展到强人工智能,走向工业化、集成化、智能化的路径。在这样的驱动背景下,AI 大模型会有一些可预见的走向,例如以往都是各自做出模型后再集成耦合,而未来模型的多模态融合是必然趋势。另外,尽管参数量已达到百亿级别,然而未来的研究也会关注不过分追求参数量且实现效果好的模型。

◆ 1.3　AI 大模型基础设施

AI 大模型的出现主要得益于两方面的发展。首先,随着计算机硬件的不断进步,特别是 GPU 的广泛应用,计算能力大幅提升,使得处理大规模模型的训练和推理成为可能。在以前的 AI 应用里,很多训练的任务都是单卡或单机就能完成的;但在大模型时代,需要千卡、万卡完成一个任务。其次,随着数据的不断积累和算法的不断改进,研究人员发现使用更大的模型可以获得更好的性能和效果,AI大模型的发展离不开这些底层技术和基础设施的支撑。

数字基础设施主要涉及5G、数据中心、云计算、人工智能、物联网、区块链等新一代信息通信技术,基于此类技术形成的服务,以及人们工作、生活方方面面的数字平台。这种平台需要充足的计算资源、存储资源、网络带宽以及专门的软件和算法。

大模型时代,数据、网络、算力构成了底层基础设施的"铁三角",除了提供MaaS(Model as a Service,模型即服务)以外,通过云服务的方式,为行业大模型的打造提供基础设施支撑。AI促使智能机器会听(语音识别、机器翻译等)、会看(图像识别、文字识别等)、会说(语音合成、人机对话等)、会思考(人机对弈、定理证明等)、会学习(机器学习、知识表示等)、会行动(机器人、自动驾驶汽车等)。物联网、大数据、云计算等基础设施服务为AI技术的发展提供了所需要的关键要素。

大模型基础设施及大模型底层技术就是通常所说的现代化数字基础设施。基础设施核心需要关注的是计算资源、存储系统、网络带宽、AI算法和优化技术。

1.3.1　计算资源

构建智算集群,能够支持万卡级别的高速互联,并且支持各种异构算力,包括领先的CPU、专用的GPU等算力的高速互联。

现在互联网分布式架构其实是一种松耦合(提供了更好的可扩展性和可维护性,同时降低了系统之间的依赖性)的方式。现在的数据中心也会有几万台计算机甚至十几万台计算机连在一起,但更多的是每一台完成自己的任务,通信和容错能力都比较低。而千卡、万卡大规模同步运行有大量的数据交互,所以需要分布式架构的演进。

1.3.2　存储系统

存储也会成为主要的瓶颈,光有计算的提升是不够的,还要有大量的数据在系统里流动。例如,在芯片技术中,数据的搬运消耗远高于数据计算,所以,在芯片层面,以及在整个系统层面,怎样解决存储问题,也是非常大的挑战。AI大模型的训练数据和参数需要存储在可靠的存储系统中,例如高速固态硬盘或网络附接存储(Network Attached Storage,NAS),进行存储分层和计算分层,主要目的是达到更高性价比。

既需要容量大,也需要速度快,所以要设计多级存储系统。大量数据可以存储在对象存储系统中,它可以支持非常大规模的数据量。在高速训练的时候,还需要它扮演缓存系统的角色。

1.3.3　网络带宽

在大规模下保证网络的扩展性以及没有拥塞是非常困难的事。AI大模型的通信特点是有很多集合通信的操作。集合通信可以分解成在同号卡之间的集合通信。也就是说,单机要8个卡,多机并行只需要同号卡之间进行集合通信。这就需要优化网络架构,在同号卡之间构建高速的通信通道,才能保证通信,大大提升整体网络的吞吐率,以及消除各种网络拥塞和冲突的可能性。

1.3.4 AI 算法和优化技术

为了更好地训练 AI 大模型并利用它进行推理,需要采用一些新的算法和优化技术。这些技术包括分布式训练、混合精度训练、自适应优化等。尤其对于 AI 训练来说,流程非常长,包括 I/O 预处理(对计算机输入输出数据进行预处理,包括检查数据有效性、合法性、完整性和一致性)、I/O 读取,还有各种算子高性能的实现或算子的融合等技术,还包括通信的优化以及显存利用率的提高。要把整个软件栈的一整套东西集成在训练加速套件里。

综上所述,AI 大模型是机器学习和 AI 领域中具有庞大参数量和复杂结构的模型。AI 大模型在多个领域中取得了显著的突破和应用,但也带来了一系列挑战和问题。通过使用分布式计算、模型压缩和剪枝、模型量化和低精度计算等技术,可以有效应对这些挑战,实现 AI 大模型的高效训练和推理。大模型的发展将继续推动机器学习和 AI 的进步,为科学技术的发展提供更多的机遇和可能性。总之,AI 大模型的基础设施需要充足的计算资源、存储资源、网络带宽以及专门的算法和优化技术。

AI 基础算法

AI 是计算机科学的一个分支,它企图了解智能的实质,并生产出一种新的能以与人类智能相似的方式做出反应的智能机器,该领域的研究包括机器人、语言识别、图像识别、自然语言处理和专家系统等。任何有助于让机器(尤其是计算机)模拟、延伸和扩展人类智能的理论、方法和技术,都可视为 AI 的范畴。

AI 的核心问题是能够构建与人类类似甚至超越人类的推理、知识、规划、学习、交流、感知的能力。当前已开发出大量应用了 AI 的工具,其中包括搜索、逻辑推演等。而基于仿生学、认知心理学以及基于概率论的算法也在逐步探索中。AI 的研究具有高度技术性和专业性,各分支领域都极为深入且互不相通,因而涉及范围极广。AI 的研究方向可分成以下子领域:机器视觉、指纹识别、人脸识别、视网膜识别、虹膜识别、掌纹识别、专家系统、自动规划、智能搜索、定理证明、博弈、自动程序设计、智能控制、机器学习、语言和图像理解、遗传编程等,并在这些应用领域均得到了较大的发展。

为了方便初学者对 AI 大模型相关概念的理解,在本章中对常用的 AI 的理论、方法和技术做简要的介绍。

◆ 2.1　AI 基础算法概述

AI 算法比较复杂。若将 AI 的基础算法按结构进行分类,有迭代、递归、贪心算法、动态策划、分治策略等。若按应用进行分类,有回归算法、分类算法、模式识别算法等。这些内容一经展开无疑十分庞杂。实际上,每种 AI 算法所依据的概念很简单,而且有很多经典库,例如 Python 中的 Gensim、TensorFlow、Scikit-Learn 等都对一些常用的人工智能算法进行了封装。

2.1.1　基于集合论的算法

基于集合论的经典人工智能算法有 k 均值(k-means)聚类算法、k 近邻(k-Nearest Neighbor, KNN)算法、Apriori 算法等。

1. k 均值聚类算法

k 均值聚类算法是非监督学习中的经典算法。其主要思想是基于"物以类聚,人以群分"的原理,将未标注的样本数据中的相似部分聚集为同一类。其实现流程如下：

（1）随机选取 k 个对象作为初始聚类中心。

（2）计算每个对象与各聚类中心的距离，并将每个对象分给距离它最近的聚类中心。

（3）重新计算聚类中心，然后重复（2），直至满足终止条件。终止条件可以设定为没有对象再分给聚类中心，也可以设定为聚类中心的误差平方和局部值为最小，等等。

k 均值聚类算法的应用领域十分广泛，可以用于文本识别，也可以用于图像分割，实际应用中只要是关于数据聚类的应用场景都可以使用，例如地图坐标聚集、恶意流量攻击识别等。

2. KNN 算法

KNN 算法是监督学习中的经典分类算法，主要是对标注好的数据集进行分类。KNN 算法的基本思想是：设定数据集中的一个对象 D，计算出同它最相邻的 k 个对象的集合 $E=\{e_1,e_2,\cdots,e_k\}$，如果集合 E 中大部分对象都属于同一类别，那么判定 D 也属于该类别。

KNN 算法的实现流程如下：

（1）选定需要进行分类的初始 m 个对象，设定 k 的初始值。

（2）计算出与每个对象最相邻的 k 个对象的集合 $E=\{e_1,e_2,\cdots,e_k\}$。

（3）根据测试集判定集合 E 中大多数对象属于的类别，把该类别分别分配给相应的 m 个对象。

（4）计算误差率，重新设定 k 值，重复（2）和（3）。

（5）重复（4），直至得到预期的误差率个数，最终选取误差率最小的 k 值。

KNN 算法在模式识别、文本分类、聚类分析等多领域都有广泛应用，很多行业都已经在实际应用 KNN 算法，例如保险行业用该算法做精准营销。

3. Apriori 算法

Apriori 算法是一个很经典的挖掘频繁项集的算法，很多其他算法，如 FP-Tree、GSP、CBA 等，都是基于 Apriori 算法而产生的。

Apriori 算法实现流程如下：

（1）设置一个支持度阈值。

（2）扫描整个数据集，统计出每个对象出现的次数，并计算出每个对象对应的支持度。

（3）剪除低于支持度阈值的对象，然后连接剩余对象为二项集，即每一项里面有两个对象。

（4）重新扫描整个数据集，统计出二项集里每项出现的次数，并计算出每个二项集对应的支持度。

（5）剪除低于支持度阈值的二项集，然后连接剩余二项集为三项集，即每一项里面有 3 个对象。

（6）重复（4）、（5），直到剩余的 k 项集无法连接为 $k+1$ 项集为止。此时的 k 项集即为要挖掘的数据集。

Apriori 算法被广泛应用于超市购物数据集、电商网购数据集等，以便优化其商品摆放位置或者仓库内相关商品存储量。

2.1.2　基于概率统计的算法

概率统计是数学的一个分支,其主要研究对象为随机事件、随机变量和随机过程。其研究方法同具有严谨逻辑的传统数学分支不太一样,并不关注那些理论根据和数学论证,直接利用概率研究一般事物的内在规律和发展规律。基于概率统计的 AI 算法有朴素贝叶斯算法、最大熵模型、隐马尔可夫模型、逻辑回归等。

1. 朴素贝叶斯算法

朴素贝叶斯算法是基于贝叶斯公式建立的。贝叶斯公式为

$$p(a \mid b) = p(b \mid a)p(a)p(b) \tag{2.1}$$

其中,$p(a \mid b)$ 表示 b 确定已经发生时 a 发生的概率,如 $p($感冒$\mid$打喷嚏,发热$)$ 表示一个人出现打喷嚏和发热症状时患感冒的概率;$p(a)$ 就是指没有前提条件时 a 发生的概率。

朴素贝叶斯算法的"朴素"二字基于一种假定:所有的特征都是独立的。只有满足了这个假定才能够满足

$$p(打喷嚏,流鼻涕,发热 \mid 感冒) = p(打喷嚏 \mid 感冒)p(流鼻涕 \mid 感冒)p(发热 \mid 感冒)$$

它表示,感冒发生时同时出现打喷嚏、流鼻涕、发热 3 个症状的概率等于感冒发生时只出现打喷嚏症状的概率、只出现流鼻涕症状的概率与只出现发热症状的概率的乘积。

朴素贝叶斯算法主要用于分类,如新闻分类、文本分类、病人分类等。

2. 最大熵模型

最大熵模型是在熵的概念上建立起来的,熵的定义最早来源于物理学科的热力学,用来表述物质在分子状态下的不确定程度。熵有好几种分类,最常用的是香农提出的信息熵,其定义为离散随机事件出现的概率。一个系统越是有序,信息熵就越低;反之,一个系统越是混乱,它的信息熵就越高。所以信息熵可以被认为是对系统有序化程度的一个度量。AI 算法中提到的熵也都是香农信息熵。

假如一个随机变量 X 的取值为 $X = \{x_1, x_2, \cdots, x_n\}$,每一个值取到的概率分别是 $\{p_1, p_2, \cdots, p_n\}$,那么 X 的熵定义为

$$H(X) = -\sum_{i=1}^{n} p_i \log_2 p_i \tag{2.2}$$

其中,x 表示随机变量,p_i 表示 x_i 的概率分布,意思是一个变量的变化情况可能越多,那么它携带的信息量就越大。概率分布的不确定性越大,熵的值就越大。

最大熵模型就是要取这个最大的熵值,做法就是假定概率分布都是均值。例如,一个骰子有 6 面,每次抛投 1~6 朝上的概率都是 1/6;但如果对骰子做了手脚,例如往里面加了铅,就会改变概率均值。在实际生活中,很多随机变量都和"做了手脚的骰子"一样并不是均值概率分布,会受到各种因素的影响。最大熵模型就是忽略这些未知的影响因素,假定概率是均值分布的,然后就能得出最大熵值。投资中的"不把鸡蛋放在一个篮子里面"也是运用了最大熵原理。最大熵模型已经成功运用于自然语言处理领域,如机器翻译、词性标注、分词、文本分类等。

3. 隐马尔可夫模型

隐马尔可夫模型(Hidden Markov Model,HMM)是建立在马尔可夫链或者马尔可夫过程之上的。马尔可夫过程的概念很简单,就是基于一种假定"当前时刻事件发生的概率只依赖于前一时刻发生的事件状态"。例如,股市中昨天是牛市,那么今天也是牛市的概率就很大,与前天是熊市没有关系。实际生活中,这种假定显然并不合理。因此,隐马尔可夫模型在马尔可夫过程中加入了不可或缺的隐含因素,以保证输出的概率更加接近现实。仍以股市为例,昨天是牛市,但今天证监会发布了一条不利于股市的新闻,那么就会降低今天也是牛市的概率。隐马尔可夫模型在天气预报、语音识别、预测 DNA 序列等领域已经得到了广泛应用。

4. 逻辑回归

逻辑回归是对线性回归的一种改进。线性回归是利用最小二乘法对数据集进行分类,如图 2.1 所示。线性回归对有规律的数据集比较有效;如果出现较多离群值,就会大大降低效果。逻辑回归在线性回归的基础上加入了 sigmoid 函数,主要是为了解决离群值的问题。逻辑回归主要用来预测和判别,它是医学领域流行病预测最常见的分析方法。

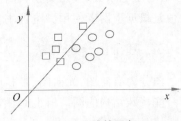

图 2.1　线性回归

5. 最大期望算法

最大期望(Expectation-Maximization,EM)算法是对极大似然估计(Maximum Likelihood Estimate,MLE)的一种改进。极大似然估计所基于的理念很简单:如果一个参数能够最大化地增加样本概率,那就对该参数按真实值处理。实现极大似然估计的方法同样简单:构建似然函数,求导,求解参数值。极大似然估计在规律分布数据集中表现良好,对于含隐藏变量的数据集表现较差。鉴于此,最大期望算法在极大似然估计中加入了隐藏变量,实现步骤如下:

(1) 利用隐藏变量计算出初始期望值。

(2) 使用期望值对模型进行最大似然估计。

(3) 使用(2)得到的参数代入(1),重新计算期望值。重复(2),直至得到最大期望值。

最大期望算法主要用于参数求解和优化,尤其是在机器学习领域有广泛应用。

6. PageRank 算法

PageRank 算法是 Google 公司的专有算法,也称页面排名算法。PageRank 算法的理念十分简单:如果一个页面被其他页面引用的次数越多,其等级也越高;如果一个等级高的页面引用了一个等级低的页面,则该等级低的页面的等级会有所提升。

PageRank 算法总的来说就是预先给每个页面一个 PR 值(即 PageRank 值)。由于 PR 值的物理意义为一个页面被访问的概率,所以一般是 $1/N$,其中 N 为页面总数。假设一个由 4 个页面组成的群体: A、B、C 和 D。如果 B、C、D 都只直接链接到 A,那么 A 的 PR 值将是 B、C 及 D 的 PR 值的总和,即

$$PR(A) = PR(B) + PR(C) + PR(D) \tag{2.3}$$

重新假设 B 链接到 A 和 C,C 只链接到 A,并且 D 链接到全部其他的 3 个页面。一

个页面总共只有一票。所以 B 给 A 和 C 每个页面半票。以同样的逻辑,D 的一票只有 $1/3$ 算到了 A 的 PR 值上。

$$PR(A) = \frac{PR(B)}{2} + \frac{PR(C)}{1} + \frac{PR(D)}{3} \tag{2.4}$$

对于给定的任一页面 A,可得到计算 A 页面的 PR 值的通用公式:

$$PR(A) = 1 - d + d \sum_{i=1}^{n} \frac{PR(T_i)}{C(T_i)} \tag{2.5}$$

其中,$PR(A)$ 是页面 A 的 PR 值;$PR(T_i)$ 是页面 T_i 的 PR 值,在这里,页面 T_i 是指向 A 的所有页面中的某个页面;$C(T_i)$ 是页面 T_i 的出度,也就是 T_i 指向其他页面的边的个数;d 为阻尼系数,其意义是,在任意时刻,用户到达某页面后并继续向后浏览的概率。该数值是根据上网者使用浏览器书签的平均频率估算而得的,通常 $d = 0.85$。

2.1.3 基于图论的算法

图分为有向图、无向图、带权图、连通图、平面图等传统图结构以及欧拉图和哈密顿图等一些特殊结构的图。树也是图的一种,可以视为非连通图。基于图论的 AI 算法有决策树、随机森林等。

1. 决策树

决策树由一系列树状结构组成,按照分治的思想工作。每个非叶节点都关联着一个拆分,落在这个节点上的数据将根据它们在这个特征上的值被分成不同子集;每个叶节点则关联着一个类标记(label),这个类标记将会被分配给落在这个节点上的样例。在预测阶段,从根节点开始进行一系列拆分,然后在叶节点处得到类别的预测结果。如图 2.2 所示,分类过程从判断 y 坐标的值是否大于 0.73 开始,如果是,那么样例被分为 cross 类。否则就判断 x 坐标的值是否

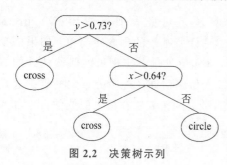

图 2.2 决策树示列

大于 0.64。如果是,样例就被分入 cross 类;否则就被分入 circle 类。

决策树的学习算法是一个递归的过程。在每一步,给定一个数据集和选择一个拆分,然后数据集被划分为多个子集,对每个子集又重复上述步骤。所以,决策树中关键的问题是如何选择拆分。

ID3(Iterative Dichotomiser 3,迭代二叉树 3)算法是决策树的一种。在信息论中,期望信息越小,那么信息增益就越大,从而纯度就越高。ID3 算法的核心思想就是以信息增益度量属性的选择,选择分裂后信息增益最大的属性进行分裂。

在介绍信息增益之前,先讨论信息熵的计算。对于分类系统来说,类别 C 是变量,它的取值是 $C_1, C_2, \cdots, C_n$,而每一个类别出现的概率表示为

$$P(C_1), P(C_2), \cdots, P(C_n) \tag{2.6}$$

而这里的 n 就是类别的总数,此时分类系统的熵就可以表示为

$$\text{Entropy}(C) = -\sum_{i=1}^{n} P(C_i) \log_2 P(C_i) \tag{2.7}$$

接下来介绍信息增益。信息增益是针对一个特征而言的,也就是看一个特征 T,在系统有它和没有它时的信息量各是多少,两者的差值就是这个特征给系统带来的信息增益。

以一个天气预报的例子来说明,天气数据如图 2.3 所示,学习目标是 Play 为 yes 或者 no。

Outlook	Temperature	Humidity	Windy	Play?
sunny	hot	high	false	no
sunny	hot	high	true	no
overcast	hot	high	false	yes
rain	mild	high	false	yes
rain	cool	normal	false	yes
rain	cool	normal	true	no
overcast	cool	normal	true	yes
sunny	mild	high	false	no
sunny	cool	normal	false	yes
rain	mild	normal	false	yes
sunny	mild	normal	true	yes
overcast	mild	high	true	yes
overcast	hot	normal	false	yes
rain	mild	high	true	no

图 2.3　天气数据和 Play 决策

可以看出,一共 14 个样例,包括 9 个正例(Play 为 yes)和 5 个负例(Play 为 no)。那么该数据的信息熵可计算如下:

$$\text{Entropy}(S) = -\frac{9}{14} \log_2 \frac{9}{14} - \frac{5}{14} \log_2 \frac{5}{14} \approx 0.940\,286$$

在决策树分类问题中,信息增益就是决策树在进行属性选择划分前和划分后信息熵的差值。假设利用属性 Outlook 进行分类,那么划分后的结果如图 2.4 所示。

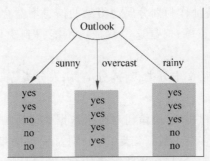

图 2.4　利用属性 Outlook 分类

划分后数据被分为 3 部分。各个分支的信息熵计算如下：

$$\text{Entropy(sunny)} = -\frac{2}{5}\log_2\frac{2}{5} - \frac{3}{5}\log_2\frac{3}{5} \approx 0.970\,951$$

$$\text{Entropy(overcast)} = -\frac{4}{4}\log_2\frac{4}{4} - 0\times\log_2 0 = 0$$

$$\text{Entropy(rainy)} = -\frac{3}{5}\log_2\frac{3}{5} - \frac{2}{5}\log_2\frac{2}{5} \approx 0.970\,951$$

那么划分后样本的信息熵为

$$\text{Entropy}(S\mid T) = \frac{5}{14}\times 0.970\,951 + \frac{4}{14}\times 0 + \frac{5}{14}\times 0.970\,951 \approx 0.693\,536$$

其中，$\text{Entropy}(S\mid T)$ 代表在特征属性 T 的条件下样本的条件熵。最终得到特征属性 T 带来的信息增益：

$$\text{IG}(T) = \text{Entropy}(S) - \text{Entropy}(S\mid T) = 0.246\,75$$

而信息增益的计算公式如下：

$$\text{IG}(S\mid T) = \text{Entropy}(S) - \sum_{\text{value}(T)}\frac{|S_v|}{S}\text{Entropy}(S_v)$$

其中，S 为全部样本集合，$\text{value}(T)$ 是属性 T 所有取值的集合，v 是 T 的属性值之一，S_v 是 S 中属性 T 的值为 v 的样例集合，$|S_v|$ 为 S_v 中所含样例数。

在决策树的每一个非叶子节点拆分之前，先计算每一个属性所带来的信息增益，选择最大信息增益的属性进行拆分，因为信息增益越大，区分样本的能力就越强，越具有代表性。很显然这是一种自顶向下的贪心策略。

有大量用于决策树学习的算法。最早的算法之一是 ID3，它基于向量中的一个字段，将一个数据集拆分为两个不同的数据集。通过计算字段的熵选择字段（熵是对字段值分布的一种度量）。该算法的目的是从向量中选择一个字段，随着树的构建，这个字段会导致对数据集的后续拆分的熵下降。ID3 算法用信息增益准则选择拆分。给定一个训练集 D，如果它被拆分为多个子集 $D_1,D_2,\cdots,D_k$，那么信息熵会减少，减少的信息熵被称为信息增益。于是，可以获得最大信息增益的属性对 <特征，值> 就作为拆分子集的准则。

信息增益准则的一个问题是那些取值较多的特征会被格外青睐，即使它们和分类的相关度不大。例如，假设在一个二分类问题中每个样例都有一个独特的 id，如果 id 被当作一个特征，那么将这个特征作为划分属性得到的信息增益会非常大，因此这个划分属性将把每个训练样例都划分正确；但是这个特征值不能得到泛化，因此对预测节点并不起作用。

决策树适用的领域包括文本分类、新闻分类、病人分类等。

2. 随机森林

随机森林由多个决策树构成，决策树对整个数据集进行构建，而随机森林先对初始数据集进行随机采样并生成多个子数据集后，再分别对子数据集进行决策树构建。需要注意的是，子数据集的数据量必须与初始数据集的数据量相同。随机森林主要解决决策树泛化能力弱的缺点。与决策树一样，随机森林的主要应用领域是分类。

2.1.4　基于空间几何的算法

空间几何的一个重要概念是维度,如一维的线、二维的平面、三维的立体空间、四维及以上的超空间等。另一个重要概念是向量,通过向量计算可以快速得出样本特征之间的各种联系以及提取关键特征等。基于空间几何的 AI 算法有支持向量机、向量空间模型等。

1. 支持向量机

支持向量机(Support Vector Machine,SVM)主要有 3 类:线性可分 SVM、线性不可分 SVM 和非线性 SVM。线性可分 SVM 指在二维空间(平面)内可以用一条线清晰地分开两个数据集;线性不可分 SVM 指在二维空间内用一条线分开两个数据集时会出现误判点;非线性 SVM 指用一条线分开两个数据集时会出现大量误判点,此时需要采取非线性映射将二维空间扩展为三维空间,然后寻找一个平面清晰地分开数据集。

在实际应用中,SVM 不仅用于二分类,而且可用于多分类。SVM 在垃圾邮件处理、图像特征提取及分类、空气质量预测等多个领域都有应用。

2. 向量空间模型

向量空间模型(Vector Space Model,VSM)主要应用于自然语言处理领域的文本特征提取。如图 2.5 所示,假设有 3 个文档 D_1、D_2 和 Q。D_1 和 D_2 均含特征项 T_1、T_2、T_3,Q 只含特征项 T_2,特征项可以理解为对文档抽取的关键词。

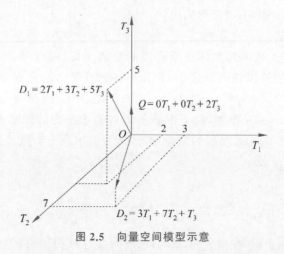

图 2.5　向量空间模型示意

用向量[2　3　5]表示 T_1、T_2、T_3 在文档 D_1 中的权重,同理,用向量[3　7　1]表示 T_1、T_2、T_3 在文档 D_2 中的权重。如果要计算 D_1 和 D_2 的相似度,则直接计算[2　3　5]和[3　7　1]夹角的余弦值即可。

2.1.5　基于演化计算的算法

目前,很多 AI 算法是基于交叉学科的,如通过模拟人类神经网络的深度学习算法、基于进化论的遗传算法、通过模拟蚁群活动而产生的蚁群算法、受热力学退火现象启发而产生的模拟退火算法等。下面介绍后 3 种算法。

1. 遗传算法

遗传算法是模拟生物遗传-进化机制的算法,其具体实现流程如下:

(1) 从初代群体中选出比较适应环境且表现良好的个体。

(2) 利用遗传算子对筛选后的个体进行组合交叉和变异,形成第二代群体。

(3) 从第二代群体中选出环境适应度良好的个体进行组合交叉和变异,形成第三代群体。如此不断进化,直至产生末代种群,即问题的近似最优解。

遗传算法通常应用于路径搜索问题,如迷宫寻路问题等。

2. 蚁群算法

蚁群算法的灵感来源于蚂蚁集体觅食行为。单只蚂蚁在觅食过程中会在路径上遗留下信息素,蚂蚁都具备判别信息素浓度的本能,如果在某条路径上有高浓度的信息素,即可判定该路径是最佳觅食路径。

蚁群算法的实现流程如下:

(1) 初始化参数,构建整体路径框架。

(2) 随机将预先设定数量的蚂蚁放置在不同的出发点,记录每只蚂蚁走的路径,并在路径中释放信息素。

(3) 更新信息素浓度,判定是否达到最大迭代次数。若否,重复(2);若是,则输出信息浓度最大的路径,即为获取的最佳路径。

蚁群算法和遗传算法类似,主要用于寻找最佳路径,尤其在旅行商问题(Traveling Salesman Problem,TSP)中被广泛采用。

3. 模拟退火算法

在热力学中,退火现象指物体逐渐降温的物理现象,温度越低,物体的能量状态越低。在开发寻找问题最优解的算法时,Kirkpatrick 等受到退火现象的启发设计了这个算法。

根据热力学 Metropolis 准则,粒子在温度 T 时趋于平衡的概率为 $\exp(-\Delta E/(kT))$。其中,E 为温度 T 时的内能,ΔE 为其改变数,k 为玻尔兹曼常数。Metropolis 准则常表示为

$$p = \begin{cases} 1, & E(x_{\text{new}}) < E(x_{\text{old}}) \\ \exp\left(-\dfrac{E(x_{\text{new}}) - E(x_{\text{old}})}{T}\right), & E(x_{\text{new}}) \geqslant E(x_{\text{old}}) \end{cases} \tag{2.8}$$

Metropolis 准则表明,在温度为 T 时,出现能量差为 dE 的降温的概率为 $P(\text{d}E)$,表示为式 $P(\text{d}E)=\exp(\text{d}E/(kT))$,其中 k 是一个常数,exp 表示自然指数函数,且 dE<0。所以 P 和 T 正相关。这个公式表示:温度越高,出现一次能量差为 dE 的降温的概率就越大;温度越低,则出现上述降温的概率就越小。又由于 dE 总是小于 0(因为退火的过程是温度逐渐下降的过程),因此 $\text{d}E/(kT)<0$,所以 $P(\text{d}E)$ 的取值范围是 $(0,1)$。随着温度 T 的降低,$P(\text{d}E)$ 会逐渐减小。

将一次向较差解的移动看作一次降温,以概率 $P(\text{d}E)$ 接受这样的移动。也就是说,在用模拟退火算法求解组合优化问题时,内能 E 对应目标函数值 f,温度 T 对应控制参数 t,即得到求解组合优化问题的模拟退火算法:

由初始解 i 和控制参数初值 t 开始,对当前解重复"产生新解→计算目标函数差→接受或丢弃"的迭代,并逐步使 t 值衰减,算法终止时的当前解即为问题的近似最优解,这是迭代求解法的一种启发式随机搜索过程。

退火过程由冷却进度表(cooling schedule)控制,包括控制参数的初值 t 及其衰减因子 Δt、每个 t 值时的迭代次数 L 和停止条件 S。

模拟退火算法是一种通用的优化算法,是局部搜索算法的扩展。它与局部搜索算法的不同之处是以一定的概率选择邻域中目标值大的状态。从理论上说,它是一种全局最优算法。模拟退火算法具有十分强大的全局搜索能力,这是因为它采用了许多独特的方法和技术:基本不用搜索空间的知识或者其他的辅助信息,而只是定义邻域结构,在邻域结构内选取相邻解,再利用目标函数进行评估;它采用概率的变迁指导搜索方向,它采用的概率仅仅作为一种工具引导其搜索过程朝着更优解的区域移动。因此,虽然它看起来是一种盲目的搜索方法,但实际上有明确的搜索方向。

模拟退火算法在寻找最优解中被广泛使用,如优化车间调度流程、旅行商问题等。

2.1.6　基于人工神经网络的算法

心理学家 McCulloch 和逻辑学家 Pitts 在 1943 年就提出了一种通过模拟生物学上的神经细胞进行数学研究的模型,称为 M-P 模型。这个模型的提出标志着人工神经网络的诞生。

20 世纪 80 年代,ART 网、认知机网络、玻尔兹曼机、并行分布处理等新理论不断被提出,人工神经网络进入了发展的新时代。1986 年,Hinton 等开发了多层前馈网络 BP (Backpropagation,反向传播)算法。BP 算法包括了信号的正向传播与误差的反向传播,这种双向的反馈结构可以使误差信号减小到当时的最低限度。

在人工神经网络的基础上衍生出能够权值共享的卷积神经网络、循环神经网络、生成对抗网络等,同时也衍生出一些基于人工神经网络的经典模型,如 BiLSTM、BERT 模型等,将在第 3 章和第 4 章中介绍。

◇ 2.2　专 家 系 统

专家系统就是一种在相关领域中具有专家水平解题能力的智能程序系统,它能运用领域专家多年积累的经验与专门知识,模拟专家的思维过程,求解以往需要专家才能解决的难题。专家系统使用模拟专家推理的计算机模型处理现实世界中需要专家解决的复杂问题,并得出与专家相同的结论。简言之,专家系统可视作知识库和推理机 的结合。显然,知识库是专家的知识在计算机中的映射,推理机是利用知识进行推理的能力在计算机中的映射,构造专家系统的难点也在于这两方面。为了更好地建立知识库,兴起了知识表示、知识获取、数据挖掘等学科;为了更好地建立推理机,兴起了机器推理、模糊推理、人工神经网络、人工智能等学科。

2.2.1 专家系统的一般结构

专家系统包括人机接口、推理机、知识库及其管理系统、数据库及其管理系统、知识获取机构、解释机构等部分,如图2.6所示。

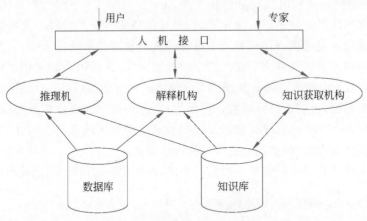

图 2.6 专家系统的一般结构

人机接口是专家系统与领域专家或知识工程师及一般用户间的界面,由一组程序及相应的硬件组成,用于完成输入输出工作。

知识获取机构由一组程序组成。其基本任务是把知识输入知识库,并负责维护知识的一致性及完整性,建立性能良好的知识库。有的系统首先由知识工程师向领域专家获取知识,然后再通过相应的知识编辑软件把知识输入知识库;有的系统自身具有部分学习功能;有的系统直接与领域专家对话获取知识,或者通过系统的运行实践归纳、总结出新的知识。

知识库及其管理系统是知识的存储机构,用于存储领域内的原理性知识、专家的经验性知识及有关事实等。知识库中的知识来源于知识获取机构,同时它又为推理机提供求解问题所需的知识。知识库管理系统负责对知识库的知识进行组织、检索、维护等。

推理机是专家系统的思维机构,是构成专家系统的核心部分。其任务是模拟领域专家的思维过程,控制并执行对问题的求解。它能根据当前已知的事实,利用知识库中的知识,按一定的推理方法和控制策略进行推理,求得问题的答案或证明假设的正确性。

数据库用于存放用户提供的初始事实、问题描述以及系统运行过程中得到的中间结果、最终结果、运行信息等。数据库是由数据库管理系统进行管理的。

解释机构由一组程序组成,它能跟踪并记录推理过程。当用户提出询问,需要给出解释时,它将根据问题的要求分别做相应的处理,最后把解答用约定的形式通过人机接口输出给用户。

上面只介绍了专家系统应该具有的基本组成部分。具体建造一个专家系统时,应根据相应领域问题的特点及要求适当增加某些部分。

2.2.2 专家系统的构建

专家系统属于计算机系统软件,其开发过程可分为几个阶段,即需求分析、系统设计、知识获取、编程调试、原型测试等。

专家系统的构建是一项比较复杂的知识工程,目前尚未形成规范。一般来说,专家系统的构建应遵循恰当划分问题领域、获取完备知识、知识库与推理机分离、选择并设计合适的知识表达模式、模拟领域专家的思维过程、建立友好的交互环境等原则。在开发过程中把开发与评价结合起来,尽早发现潜在问题,及时纠正。

2.2.3 专家系统的发展

专家系统的发展经历了基于规则的专家系统、基于框架的专家系统、基于模型的专家系统、基于神经网络的专家系统、基于 Web 的专家系统 5 个阶段。下面着重介绍每个阶段的基本思想及侧重点。

1. 基于规则的专家系统

1) 专家提出规则

基于专家集体讨论得到的规则的专家系统是目前最常用的方式,这主要归功于大量成功的实例以及简单、灵活的开发工具。它直接模仿人类的心理过程,利用一系列规则表示专家知识。例如,以下是对动物的分类规则:

IF(有毛发 or 能产乳)and((有爪子 and 有利齿 and 前视)or 吃肉)and 黄褐色 and 黑色条纹,THEN 老虎。

IF(有羽毛 or(能飞 and 生蛋))and 不会飞 and 会游水 and 黑白色 and ⋯⋯,THEN 企鹅。

这里,IF 后面的部分称为前项,THEN 后面的部分称为后项。前项一般是若干事实的与(and)和或(or),每一个事实采用对象-属性-值(Object-Attribute-Value,OAV)三元组表示。根据值的类型,可将属性分为 3 类:

- 是非属性。例如"有爪子"属性,只能在{有,无}中选择。
- 列举属性。例如"吃肉"属性,只能在{吃草,吃肉,杂食}中选择。
- 数字属性。例如"触角长度""身高""体重"等属性,只能是一定范围内的值。

2) 算法生成规则

专家集体讨论得到的规则存在以下缺点:需要专家提出规则,而许多情况下没有真正的专家存在;前项限制条件较多,且规则库过于复杂。比较好的解决方法是采用中间事实。例如,首先确定哺乳动物、爬行动物、鸟类动物,然后继续进行划分。

在某些情况下,只能选取超大空间的列举属性或者数字属性,此时属性值的选取需要大量样本以及复杂的运算。因此,更倾向于采用一套算法体系,能自动从数据中获得规则。前面所讲的决策树算法基本能够满足知识工程师的需要。

2. 基于框架的专家系统

基于框架的专家系统可视为基于规则的专家系统的一种自然推广,是一种完全不同的编程风格。编程语言中引入框架的概念后,就形成了面向对象的编程技术。可以认为,基于框架的专家系统等于面向对象的编程技术。

框架是一种存储以往经验和信息、描述对象(事物、事件、概念)属性的一种通用数据结构。在框架表示法中,框架被认为是知识表示最基本的单元。框架通常采用槽-侧面-值(slot-facet-value)表示结构。也就是说,框架由描述事物各方面的若干槽组成,每个槽有若干侧面,每个侧面有若干值。框架中的附加过程用系统中已有的信息解释或计算新的信息。在这样的结构中,新信息可以用过去经验中的概念分析和解释。框架的形式为

　　＜框架名＞

　　＜槽 1＞:＜侧面 11＞(值 111,值 112,…)(默认值)

　　　　　　＜侧面 12＞(值 121,值 122,…)(默认值)

　　＜槽 2＞:＜侧面 21＞(值 211,值 212,…)(默认值)

　　　　　　＜侧面 22＞(值 221,值 222,…)(默认值)

　　…

　　＜附加过程＞

　　…

在知识的框架表示中,框架的槽可以是另一个框架,并且在一个框架中还可以有多个不同的槽,知识的这种表示称为框架嵌套。通过框架嵌套,形成以框架为节点的树状结构。在框架的树状结构中,每一个节点都是一个框架,父节点和子节点之间用 ISA 槽和 AKO 槽连接。框架的特性之一是继承性,也就是当子节点的某些槽没有直接赋值时,可从其父节点继承相应的值。

框架的属性结构和框架的继承性使框架的知识存储量比其他知识表示方法小,框架实际上和语义网络没有本质区别,是一种复杂的语义网络。将语义网络中节点间弧上的标注也放入槽内就成了框架表示法。它对描述比较复杂的对象特别有效,并且知识表示结构清晰、直观明了。此外,框架知识表示不仅可以表示静态的陈述性知识,而且可以通过框架之间的连接表示过程性知识。

框架的示例如下:

```
Frame <MASTER>
    Name:Unit(Last name,First name)
    Sex:Area(male,female)
        Default:male
    Age:Unit(Years)
    Major:Unit(Major)
    Field:Unit(Field)
    Advisor:(Unit(Last name,First name)
    Project:Area(National,Provincial,Other)
            Default:National
    Paper:Area(SCI,EI,Core,General)
          Default:Core
    Address:<S-Address>
    Telephone:HomeUnit(Number)
              MobileUnit(Number)
```

这个框架共有 10 个槽,分别描述一个硕士生在姓名、性别、年龄等 10 方面的情况。

其中性别这个槽的第二个侧面是默认值(default)。该框架中的每个槽或侧面都给出了相应的说明信息,这些说明信息用来指出填写槽值或侧面值时的一些格式限制。

　　Unit:用来指出槽值或侧面值的书写格式,例如姓名槽应先写姓后写名。

　　Area:用来指出槽值仅能在指定的范围内选择。

　　Default:用来指出当相应的槽没有填入槽值时的默认值。

　　<>:用来标识框架名。

　　框架中给出这些说明信息,可以使框架的问题描述更加清楚。但这些信息不是必需的,也可以省略,直接放置槽值或侧面值。

　　当结构比较复杂时,往往需要用多个相互联系的框架表示。例如上面的硕士生框架可以用学生框架和新的硕士生框架表示,其中新的硕士生框架是学生框架的子框架。学生框架描述所有学生的共有属性,硕士生框架描述硕士生的专有属性,并继承学生框架的所有属性。

　　学生框架如下:

```
Frame <Student>
    Name:Unit(Last name,First name)
    Sex:Area(male,female)
        Default:male
    Age:Unit(Years)
        If-needed:Ask-Age
    Address:<S-Address>
    Telephone:HomeUnit(Number)
            MobileUnit(Number)
            If-needed,Ask-Telephone
```

硕士生框架如下:

```
Frame <MASTER>
    AKO:<Student>
    Major:Unit(Major)
        If-needed:Ask-Major
        If-needed:Check-Major
    Field:Unit(Field)
        If-needed:Ask-Field
    Advisor:(Unit(Last name,First name)
        If-needed:Ask-visor
    Project:Area(National,Provincial,Other)
        Default:National
    Paper:Area(SCI,EI,Core,General)
        Default:Core
```

　　在硕士生框架中使用了一个系统预定义槽名 AKO。所谓系统预定义槽名,是指框架表示法中事先定义好的可公用的标准槽名。

　　框架的继承通常由框架中设置的 3 个侧面——Default、If-needed、If-added 组合实现。其中:

- If-needed：当某个槽不能提供统一的默认值时，可在该槽中增加一个 If-needed 侧面，系统通过调用该侧面提供的过程产生相应的属性值。
- If-added：当某个槽值变化会影响到其他槽时，需要在该槽中增加一个 If-added 侧面，系统通过调用该侧面提供的过程完成对其相关槽的后续处理。

当把一个学生的具体情况填入硕士生框架之后，就可得到一个实例框架：

```
Frame <Master-1>
    ISA:<Master>
    Name:Li Xiao
    Sex:male
    Major:Mechanical
    Field:Metal-cutting
    Advisor:Dra Chen
    Project:national
```

在这个实例框架中，用到了一个系统预定义槽名 ISA，表示这个实例框架是硕士生框架的实例。

框架表示法没有固定的推理机制。但框架系统的推理和语义网络一样遵循匹配和继承的原则。框架中的 If-needed、If-added 等侧面虽然是附加过程，但在推理过程中起重要作用。

3. 基于模型的专家系统

基于模型专家系统不同于基于规则和基于框架的专家系统，它是建立在对人工智能的新定义的基础上的。这种观点认为，人工智能是对现实中各种定性模型的获得、表达和使用的计算方法进行研究的学问。在基于这种思想建立的专家系统中，知识库是不同模型的集合。这些模型包括物理的、认知的和社会的系统模型。这是一种在更大的粒度上对知识的认识。对模型知识的获取、表达和使用贯穿于基于模型专家系统建立的全过程。某一领域的专家系统可能包含不同的模型。每种模型的知识可以解决某一方面的问题，多模型协作在知识表示、知识获取和知识运用上比传统专家系统更加高效，将知识模块化，提升了知识的共享性和重用性。模型的概念始于对本体论的研究。本体论是 AI 中面向内容的研究分支。不同于面向形式的研究，本体论的研究重点在于对知识的系统化和标准化，知识的海量性、多样性、复杂性、易变性等是本体论研究中的难点。随着专家系统的发展，出现了分布式专家系统和混合专家系统，产生了知识复用、知识库共享等需求，推动了本体库与基于模型的专家系统的研究。

4. 基于神经网络的专家系统

基于神经网络的专家系统将知识推演过程由显性转变为隐性。这种专家系统的结构如图 2.7 所示。神经网络自学习算法成为这种专家系统的核心。神经网络是一种自学习的机器学习算法，构建神经网络规则集合是建立基于神经网络的专家系统的基础。通过对专家提供的学习实例（多数是列式特征集）的训练学习构建算法隐含层中的映射权重，建立一个神经网络。知识库实际上就是这些学习实例和神经网络算法的集合。知识获取就是利用算法对示例数据的建模过程，知识库的更新也就是对示例的增量学习的过程。AlphaGo 实质上就是一个基于神经网络的专家系统。它的知识库中就是通过神经网络算法对千万盘棋局示例的学习经验。知识推理就是对某些问题和变量选定神经网络规则进行正向非线性计算的过程。最有代表性的基于神经网络的推理机是 MACIE。

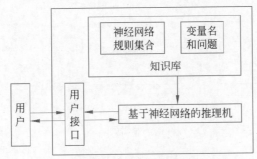

图 2.7　基于神经网络的专家系统结构

5. 基于 Web 的专家系统

基于 Web 的专家系统是随着 Internet 技术发展起来的。专家系统的知识库和推理机通过与 Web 接口交互。专家系统由原来的 C/S 结构越来越多地转向 B/S 结构,带来了丰富的人机会话界面、跨平台展现、移动端和 PC 端的无缝过渡。HTML 5、AngularJS、Node.js 等前端技术的进步和发展为专家系统更人性化、多样化的处理带来助益。为知识获取、知识管理、推理过程解释、推理结果展现等一系列技术要点带来更先进的技术实现,提高了用户的使用体验,增强了系统便利性和可信度。基于 Web 的专家系统结构如图 2.8 所示。

图 2.8　基于 Web 的专家系统结构

◆ 2.3　机器学习

学习能力是智能系统最基本的属性之一,是衡量一个系统是否具有智能的显著标志,机器学习也是使计算机具有智能的根本途径。机器学习已经涉及和渗透到信息科学的许多领域和分支,新的学习方法、算法和应用系统正在不断被提出。

机器学习算法不断发展演变。不同的学习定义甚至不同的信息算法都可以有不同的学习模型,但是,在大部分情况下,这些算法都倾向于适应 3 种学习模型之一,如图 2.9 所示。

在监督学习模型中,数据集包含其目标输出值(或标签),以便映射函数能够计算给定预测的误差。在做出预测并生成实际输出值与目标输出值的误差时,会引入监督以调节映射函数并学习这一映射。

在无监督学习模型中,数据集不包含目标输出值,因此无法监督函数。函数则尝试将数据集划分为类,以便每个类都包含数据集具有共同特征的一部分。

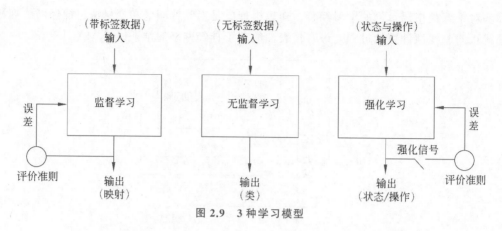

图 2.9　3 种学习模型

　　而在强化学习中,算法尝试学习一些操作,以便获得导致目标状态的一组给定状态。误差不会在每个示例后提供(就像监督学习一样),而是在收到强化信号(例如达到目标状态)后提供。此行为类似于人类学习,仅在给予奖励时为所有操作提供必要的反馈。下面简要介绍每种模型的工作方法和关键算法。

1. 监督学习

　　监督学习是最容易理解的学习模型。监督学习模型中的学习需要创建一个映射函数,该函数可以使用训练数据集进行训练,然后应用于未见过的数据以达到一定的预测功能。构建该函数的目的是将其有效推广到从未见过的数据。可通过两个阶段构建和测试一个具有监督学习能力的映射函数,如图 2.10 所示。在第一阶段,将一个数据集划分为两部分:训练数据集和测试数据集,它们都包含一个测试向量(输入)以及一个或多个已知的目标输出值。使用训练数据集训练映射函数,直到它达到一定的性能水平(衡量映射

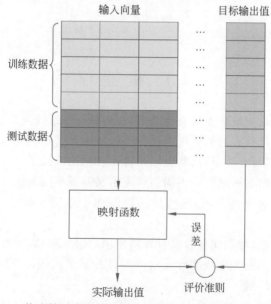

图 2.10　构建并测试具有监督学习能力的映射函数的两个阶段

函数将训练数据映射到关联的目标输出值的准确性)。在监督学习中,会对每个训练样本都执行此过程,在此过程中,使用了实际输出值与目标输出值的误差调节映射函数。在第二阶段,将使用测试数据测试训练的映射函数。测试数据表示未用于训练的数据,并为如何将映射函数有效推广到未见过的数据提供了一种很好的度量方法。

许多算法都属于监督学习类别,例如神经网络。神经网络通过一个模型将输入向量处理为结果输出值,该模型的灵感来源于大脑中的神经元和它们之间的连接。该模型包含一些通过权值相互连接的神经元层,权值可以调节某些输入相对于其他输入的重要性。每个神经元都包含一个用来确定该神经元的输出的激活函数(作为输入向量与权向量的乘积的函数)。计算输出值的方式是,将输入向量应用于网络的输入层,然后(采用前馈方式)计算网络中每个神经元的输出。典型的神经网络结构如图 2.11 所示。

最常用于神经网络的监督学习方法之一是反向传播。在反向传播中,会应用一个输入向量并计算输出值,计算实际输出值与目标输出值的误差,然后从输出层向输入层执行反向传播,以便调节权值和偏差(作为对输出的贡献函数,可以针对学习率进行调节)。

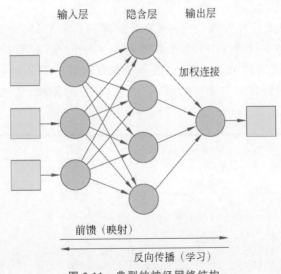

图 2.11　典型的神经网络结构

2. 无监督学习

无监督学习也是一种相对简单的学习模型,如图 2.12 所示。但从名称可以看出,它缺乏评价,且无法度量性能。它的目的是构建一个映射函数,以便于将数据中隐含的特征数据划分为不同类。无监督学习方法通过构建映射函数将一个数据集划分为不同的类,每个输入向量都包含在一个类中,但该算法无法对这些类应用标签。

实际计算结果可能是输入向量被划分为不同的类,并可以根据应用情况进一步使用这些类。推荐系统就是这类应用中的一种,其中的输入向量可能表示用户的特征或购买行为,分在一个类中的用户表示具有相似的兴趣,然后可以对这些用户进行精准营销或推荐产品。

要实现无监督学习,可以采用多种算法,例如 k 均值集群、自适应共振理论或者 ART(实现数据集的无监督集群的一系列算法)。

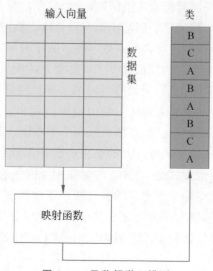

图 2.12　无监督学习模型

　　k 均值集群起源于信号处理,是一种简单的流行集群算法。该算法的目的是将数据集中的样本划分到 k 个集群中,每个样本都是一个向量,计算向量间的欧几里得距离。图 2.13 是 k 均值集群示例,直观地展示了如何将数据划分到 $k=2$ 个集群中,其中的样本间的欧几里得距离是与集群的质心(中心)最近的距离,它表明了集群中成员之间的关系。

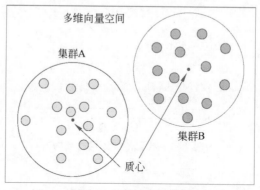

图 2.13　k 均值集群示例

　　k 均值算法非常容易理解和实现。首先将数据集中的每个样本随机分配到一个集群中,计算集群的质心作为所有样本的均值,然后迭代该数据集,以确定一个样本离所属集群更近还是离替代集群更近(假设 $k=2$)。如果样本离替代集群更近,则将该示例移到新集群并重新计算它的质心。此过程一直持续到没有样本移动到替代集群为止。在对样本向量中的特征一无所知(即没有监督)的情况下,k 均值集群将样本数据集划分为 k 个集群。

3. 强化学习

　　强化学习是一个有趣的学习模型,如图 2.14 所示。它不仅能学习如何将输入映射到输出,而且能学习如何借助依赖关系将一系列输入映射到输出(例如马尔可夫决策流程)。在学习过程中,强化学习算法随机探索某个环境中的状态-操作对(以构建状态-操作对表),然后应用所学信息挖掘状态-操作对奖励,以便为给定状态选择能导致生成某个目标状态的最佳操作。强化学习模型如图 2.14 所示。

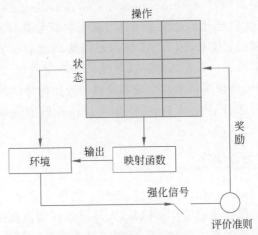

图 2.14　强化学习模型

Q-学习是一种强化学习方法,如图 2.15 所示。它合并了每个状态-操作对的 Q 值以表明遵循给定状态路径的奖励。Q-学习的一般算法是分阶段学习环境中的奖励。在学习期间,根据概率完成选择的操作(作为 Q 值的函数),该操作允许探索状态-操作空间。在达到目标状态时,流程从某个初始位置再次开始。为给定状态选择操作后,针对每个状态-操作对更新 Q 值。对当前状态应用操作以达到新状态后,将使用可用于该新状态且具有最大 Q 值的操作(可能什么也不做)所提供的奖励对状态-操作对的 Q 值进行更新。

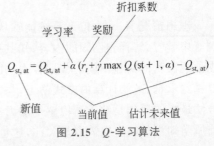

图 2.15　Q-学习算法

通过学习率,可以实现更新结果的进一步折扣,学习率可以确定新信息已存在多长时间。折扣系数表明未来奖励相较于短期奖励的重要性。

Q-学习算法允许基于状态的概率性操作选择更新 Q 值。算法执行完成时,利用获得的知识,对给定状态使用具有最大 Q 值的操作,以便采用最佳方式达到目标状态。

强化学习还包含其他具有不同特征的算法。状态—操作—奖励—状态—操作的循环类似于 Q-学习算法,但操作的选择不基于最大 Q 值,而是包含一定的概率。如果要学习如何在不确定的环境中制定决策方案,强化学习是一种理想的算法。

机器学习受益于满足不同需求的各种算法。监督学习算法学习一个已经分类的数据集的映射函数。无监督学习算法可基于数据中的一些隐含特征对未标记的数据集进行分类。强化学习可以通过反复探索某个不确定的环境,学习该环境中的决策制定策略。

◆ 2.4　拟人机器学习

未来的智能机器将更便于人类使用,也更人性化,同时它们的处理能力和自动化水平也将大幅提高。拟人机器学习(anthropomorphic machine learning)是 AI 和数据科学的新兴方向。多年前,人类就已开始设想要让自己喜爱的机器具有人的特征或人的思维能力。现在人们更能接受 AI 技术,因为 AI 技术已经清楚地展现了帮助人类的能力。然而,AI 目前还面临诸多挑战。首先,训练 AI 算法需要海量数据,这是一个成本极高而又耗时的苛刻条件。此外,为训练机器而生成和处理的数据越多,安全和隐私泄露的风险就越高。但最大的挑战在于让各方都了解 AI 如何运作和做出决策,包括非专业用户、专家、律师、政策制定者及媒体等。

2.4.1　拟人机器学习的概念

机器学习方法中的拟人特征让计算机能够像人类那样学习。如今,绝大多数机器学习方法需要大量的训练数据才能工作。但是,人却可以识别出只见过一次的事物。人类能基于单个或少量样本就做出关联、推理、分类或异常检测。因此,从单个或极少量训练样本(即"从零开始")构建模型的能力就是一种类似人类(拟人)的特点。

2.4.2　拟人系统的瓶颈问题

理想情况下,一个拟人系统能够从一个或几个例子中学习并且始终能从新观察到的例子中学习,解释它已知的内容,知其所不知,以及已知的内容为何发生某个错误,识别与先前观察到的明显不同的数据样本,并在必要时形成新的规则或类别(自学习和自组织),以精益求精、高效计算的方式学习,与其他拟人机器学习系统合作。然而,拟人系统主流方法最大的瓶颈是缺乏情境感知能力。此外,以透明的、人类可解释的方式向用户呈现先前所学知识的能力也需多加关注,这也有助于增强系统的可靠性。最终,拟人机器学习的目标是建立这样的系统:它不仅可以识别此前已知的模式,还可以识别未知的模式。在某种程度上,这意味着系统能够意识到自身局限,能在面对未知和不可预测的情况时启动安全程序,并从中自主学习。

◆ 2.5　人工情感计算

情感在感知、决策、逻辑推理和社交等一系列智能活动中起到核心作用,甚至有研究显示人类交流中 80% 的信息是情感信息。由于情感在人类信息沟通中的重大意义,情感计算是实现人机交互过程必不可少的部分,也是让机器具有智能的重要突破口。

AI 在自动驾驶、智能机器人、人脸识别等领域已得到了很好的创新应用,出现了一大批围绕视频信息与声学信息进行技术创新的 AI 代表性企业,给人们的生活提供了大量基于特征识别、行为识别、语音识别的助手,使工作和生活更加便捷,但这些并不意味着我们已经进入了 AI 时代。AI 研究所追求的应该是让机器实现对人类意识的理解,对人类思维信息过程的模拟,以及能以和人类智能相似的方式作出反应。而目前大部分 AI 研究只是通过自然语言处理、机器学习、模式识别、物联感知、逻辑推理等技术的综合应用使机器具备一定的逻辑思维判断能力。AI 目前仍然离不开人类的干预,尤其缺乏对复杂情感的理解和表达能力。可以说离开情感的赋能,AI 依旧是简单的机器。

情感计算是一个高度综合化的研究和应用领域。通过计算科学与心理科学、认知科学的结合,研究人与人交互、人与计算机交互过程中的情感特点,设计具有情感反馈的人与计算机的交互环境,将有可能实现人与计算机的情感交互。情感计算方法是按照不同的情感表现形式分类的,分为文本情感计算、语音情感计算、视觉情感计算。

2.5.1　文本情感计算

文本情感计算的过程包括文本信息采集、情感特征提取和情感信息分类。

文本信息采集模块通过文本抓取工具(如网页爬虫工具)获得情感评论文本。然后,情感特征提取模块将自然语言文本转换成计算机能够识别和处理的形式,并通过情感信息分类模块得到计算结果。

文本情感计算侧重研究情感状态与文本信息之间的对应关系,提供人类情感状态的线索。具体地说,需要找到计算机能提取的特征,并采用能用于情感分类的模型。因此,关于文本情感计算过程的讨论,主要集中在文本情感特征标注(信息采集)、情感特征提取和情感信息分类 3 方面。

1. 文本情感特征标注

文本情感特征标注是对情感语义特征进行标注,通常是将词或者语义块作为特征项。文本情感特征标注首先对情感语义特征的属性进行设计,如褒义词、贬义词、加强语气、一般语气、悲伤、高兴等。然后通过机器自动标注或者人工标注的方法对情感语义特征进行标注,形成情感特征集合。情感词典是典型的情感特征集合,也是文本情感计算的基础。在大多数研究中,通常将情感词典直接引入自定义词典中。

2. 情感特征提取

文本包含的情感信息是错综复杂的,在赋予计算机识别文本情感能力的研究中,从文本信号中抽取特征模式至关重要。在对文本进行预处理后,就开始提取情感语义特征项。情感特征提取的基本思想是根据得到的文本数据决定哪些特征能够给出最好的情感辨识。通常算法对已有的情绪特征词打分,并以得分高低排序,得分超过一定阈值的特征词组成特征词集。特征词集的质量直接影响最后的结果,为了提高计算的准确性,文本特征提取算法研究将继续受到关注。长远看来,自动生成文本特征技术将进一步提高,特征提取的研究重点也会更多地从对词频的特征分析转移到文本结构和情感词上。

3. 情感信息分类

文本情感信息分类主要采用两种技术路线:基于规则的方法和基于统计的方法。在 20 世纪 80 年代,基于规则的方法占据主流位置,以语言学家的语言经验和知识获取句法规则为文本分类依据。但是,获取规则的过程复杂且成本巨大,也对系统的性能有负面影响,而且很难找到有效的途径提高开发规则的效率。现在,人们更倾向于使用统计的方法,通过训练样本进行特征选择和参数训练,根据选择的特征对待分类的输入样本进行形式化,然后输入分类器进行类别判定,最终得到输入样本的类别。

2.5.2　语音情感计算

语音情感计算研究工作在情感描述模型的引入、情感语音库的构建、情感特征分析等领域的都得到了较大的发展。下面将从语音情感数据的采集、标注以及情感声学特征分析方面介绍语音情感计算。

1. 语音情感数据的采集

语音情感识别研究的开展离不开语音情感数据库的支撑。语音情感数据库的质量高低,直接决定了由它训练得到的情感识别系统的性能好坏。评价语音情感数据库的重要标准是数据库中的语音情感数据是否具备真实的表露性和自发性。

2. 语音情感数据的标注

对于采集好的语音情感数据库,为了进行语音情感识别算法研究,还需要对语音情感数据进行标注。标注方法有离散型情感标注法和维度情感空间论两种类型。

离散型情感标注法指的是将语音标注为生气、高兴、悲伤、害怕、惊奇、讨厌和中性等。这种标注的依据是心理学的基本情感理论。基于离散型情感标注法的语音情感识别容易满足多数场合的需要,但无法处理人类情感表达具有连续性和动态变化性的情况。

维度情感空间论对情感的变化用连续的数值表示。不同研究者定义的情感维度空间维数不同,如二维、三维甚至四维模型。针对语音情感,广为接受和得到较多应用的是二维连续情感空间模型,即 Arousal-Valence 的维度模型,Arousal 维反映的是说话者生理上的激励程度或者为采取某种行动所作的准备是主动的还是被动的,Valence 维反映的是说话者对某一事物评价是正面的还是负面的。随着多模态情感识别算法的发展,为了更细致地描述情感的变化,研究者在二维连续情感空间模型的基础上引入三维连续情感空间模型,用于对语音情感进行标注和情感计算。

需要强调的是,离散型情感标注和连续型情感标注可以通过一定的映射相互转换。

3. 情感声学特征分析

情感声学特征分析主要包括声学特征提取、声学特征选择和声学特征降维。采用何种有效的语音情感特征参数用于情感识别,是语音情感识别研究最关键的问题之一,因为所采用的情感特征参数的优劣将直接决定情感最终识别结果的好坏。

1) 声学特征提取

目前经常提取的语音情感声学特征主要有 3 种:韵律特征、音质特征以及谱特征。在早期的语音情感识别研究文献中,首选的声学特征是韵律特征,如基音频率、振幅、发音持续时间、语速等。韵律特征能够体现说话人的部分情感信息,能在较大程度上区分不同的情感,因此,该特征已成为当前语音情感识别中使用最广泛并且必不可少的一种声学特征。另一种常用的声学特征是与发音方式相关的音质特征。

2) 声学特征选择

声学特征选择指从一组给定的特征集中,按照某一准则选出一个具有良好区分特性的特征子集。声学特征选择方法主要有两种类型:封装式(wrapper)和过滤式(filter)。封装式算法是将后续采用的分类算法的结果作为特征子集评价准则的一部分,根据算法生成规则的分类精度选择特征子集。过滤式算法是将声学特征选择作为一个预处理过程,直接利用数据的内在特性对选取的特征子集进行评价,独立于分类算法。

3）声学特征降维

声学特征降维指通过映射或变换的方式将高维特征空间映射到低维特征空间,达到降维的目的。声学特征降维算法分为线性和非线性两种。最具代表性的两种线性降维算法,即主成分分析（Principal Component Analysis,PCA）和线性判别分析（Linear Discriminant Analysis,LDA）,已经广泛应用于对语音情感特征的线性降维处理。

2.5.3　视觉情感计算

表情作为人类情感表达的主要方式,其中蕴含了大量有关内心情感变化的信息,通过表情可以推断内心微妙的情感状态。但是让计算机读懂人脸表情并非简单的事情。人脸表情识别是人类视觉最杰出的能力之一。而计算机进行自动人脸表情识别所利用的主要也是视觉数据。无论在识别准确性、速度、可靠性还是稳健性方面,人类自身的人脸表情识别能力都远远高于基于计算机的自动人脸表情识别。因此,自动人脸表情识别研究的进展一方面依赖于计算机视觉、模式识别、人工智能等学科的发展,另一方面还依赖于对人类自身识别系统特别是人的视觉系统的认识程度。

大量文献显示,表情识别与情感分析已从原来的二维图像研究转向三维数据研究,从静态图像识别研究转向实时视频跟踪。下面从视觉情感信号获取、识别和分析等方面介绍视觉情感计算。

1. 视觉情感信号获取

表情参数的获取多以二维静态或序列图像为对象,对微笑的表情变化难以判断,导致情感表达的表现力难以提高,同时无法体现人的个性化特征,这也是表情识别中的一大难点。即使以目前的技术,在不同的光照条件和不同头部姿态下,也不能取得满意的参数提取效果。由于三维图像比二维图像包含更多的信息量,可以提供鲁棒性更强、与光照条件和人的头部姿态无关的信息,用于人脸表情识别的特征提取时使工作更容易进行。因此,目前最新的研究大多利用多元图像数据进行细微表情参数的捕获。该方法综合利用三维深度图像和二维彩色图像,通过对特征区深度特征和纹理彩色特征的分析和融合,提取细微表情特征,并建立人脸的三维模型以及细微表情变化的描述机制。

2. 视觉情感信号的识别和分析

视觉情感信号的识别和分析主要分为面部表情的识别和手势识别两类。

对于面部表情的识别,要求计算机具有类似于第三方观察者一样的情感识别能力。由于面部表情是最容易控制的一种,所以识别出来的并不一定是真正的情感。但是,也正是由于它是可视的,所以它非常重要,并能通过观察它了解一个人试图表达的东西。到目前为止,面部表情识别模型将情感视为离散的,即将面部表情分成为数不多的类别,如高兴、悲伤、愤怒等。1971 年,Ekman 和 Friesen 研究了 6 种基本表情,包括高兴、悲伤、惊讶、恐惧、愤怒和厌恶。

完整的手势识别系统包括采集、分类和识别 3 部分以及分割、跟踪和识别 3 个过程。采集部分包括摄像头、采集卡和内存。在多目的手势识别中,摄像头以一定的关系分布在用户前方;在单目的手势识别中,摄像头所在的平面应该和用户的手部运动所在的平面基本平行。分类部分包括分类器和接收比较器(用来对以前的识别结果进行校正)。识别部分包括语法对应单位和相应的跟踪机制,通过分类得到的手部姿势在这里一一对应确定的语义和控制命令。分割过程包括对得到的实时视频图像进行逐帧的手部分割,首先得到需要关注的区域,其次对得到的区域进行细致分割,直到得到需要的手指和手掌的形状。跟踪过程包括对手部的不断定位并估计下一帧手的位置。识别过程利用以前学习的知识确定手势的意义,并做出相应的反应,例如显示对应的手势或者做出相应的动作,并对不能识别的手势进行处理,例如报警或者记录特征后在交互情况下得到用户的指导。手势识别的基本框架如图 2.16 所示。

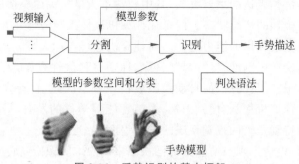

图 2.16　手势识别的基本框架

　　近年来,美国麻省理工学院多媒体实验室相继提出了许多种情感计算应用项目。例如,将情感计算应用于医疗康复,协助孤独症者,识别其情感变化,理解患者的行为;在教育中应用情感计算,实现对学习状态的采集及分析,指导教学内容的选择及教学进度的推进;将情感计算应用于生活中,感知用户对音乐的喜好,根据对情感反应的理解为用户提供其更感兴趣的音乐。

　　尽管人工智能在情感理解和表达方面取得了显著进步,但仍然面临着一些挑战和限制。其中包括情感数据的标注和获取、情感识别的准确性和鲁棒性、情感表达的真实性和自然度等方面。未来,需要进一步加强情感理解和表达技术的研究,提高情感识别和生成的准确性和效率,探索更加深入的情感模型和算法,以实现人工智能在情感智能领域更广泛的应用和更深层次的发展。

第3章

深度学习技术与工具

深度学习的概念最早是由 Hinton 在 2006 年提出的，是研究如何从数据中自动提取多层特征表示。其核心思想是通过数据驱动的方式，采用一系列非线性变换，从原始数据中提取由低层到高层、由具体到抽象的特征。

虽然可把深度学习看成机器学习的一部分，但深度学习模型与浅层机器学习模型之间存在重要区别。深度学习强调模型结构的深度，通过逐层特征变换，将样本在原空间的特征表示变换到一个新特征空间，所以通过增加模型深度获取深层次含义。从而使分类或预测更容易。浅层机器学习模型不使用分布式表示，而且需要人为提取特征，模型本身只根据特征进行分类或预测，人为提取的特征好坏很大程度上决定了整个系统的好坏。特征提取需要专业的领域知识，而且特征提取、特征工程需要花费大量时间。

在人工神经网络的基础上，深度学习衍生出能够权值共享的卷积神经网络、解决序列问题的循环神经网络等，同时也衍生出一些基于神经网络的经典模型。本章将介绍 AI 大模型中几种常用的深度学习技术与工具。

◆ 3.1 词向量模型

在自然语言处理过程中，最细粒度的对象是词语。如果要进行词性标注，用一般的思路，可以有一系列样本数据 (x, y)。其中 x 表示词语，y 表示词性。而要做的就是找到一个 $x \rightarrow y$ 的映射关系。传统的一般都是数值型的输入。数学模型方法有贝叶斯算法、支持向量机等。而自然语言处理过程中的词语是符号形式的(例如中文、英文、拉丁文等)，所以需要把它们转换成数值形式，或者说把它们嵌入数学空间里，这种嵌入方式就叫词嵌入，早期，人们使用的一种方法是把词转换为离散的单独的符号，也就是独热(one-hot)编码方法。即，用一个很长的向量表示一个词，向量长度(维数)为词典的大小 N，每个向量只有一个维度值为 1，表示该词在词典中的位置，其余维度值为 0。例如，假设语料库中有 3 段话：

我爱中国

爸爸妈妈爱我

爸爸妈妈爱中国

首先对语料进行分离并获取其中所有的词,然后对每个词进行编号:

　　1—我,2—爱,3—爸爸,4—妈妈,5—中国

再使用独热编码对每个词进行编码,得到中间结果如下:

　　1—我,2—爱,5—中国

　　3—爸爸,4—妈妈,2—爱,1—我

　　3—爸爸,4—妈妈,2—爱,5—中国

进而获得最终的特征向量为

　　我爱中国 →[1 1 0 0 1]

　　爸爸妈妈爱我 →[1 1 1 1 0]

　　爸爸妈妈爱中国 →[0 1 1 1 1]

可以看出,独热编码是一种用于将离散型特征转换为向量表示的方法。在这种方法中,每个特征都被表示为一个长度为 n 的向量,其中只有一个元素为 1,其余元素为 0。通过这种方式,可以将离散型特征转换为连续型特征,从而更好地进行机器学习和深度学习模型的训练。

这种独热表示如果采用稀疏方式存储会非常简洁,也就是给每个词分配一个数字标识 ID。但这种表示方式有一些固有缺点:容易受维数灾难的困扰,每个词的维度就是语料库词典的长度。词编码往往是随机的,看不出词之间可能存在的关联关系。导致难以刻画词之间的相似性。

人们只能抛弃使用独热表示方法。2013 年,Google 团队发表了词向量(Word2Vec)工具。Word2Vec 自提出后被广泛应用在自然语言处理任务中。它的模型和训练方法也启发了很多后续的词向量模型。本节将重点介绍 Word2Vec 的模型和训练方法。首先引入滑动窗口的概念。

3.1.1　滑动窗口

滑动窗口是指在一个特定大小的字符串或数组上进行操作,而不在整个字符串和数组上操作。这样就降低了循环的嵌套深度。如图 3.1 所示,设定滑动窗口大小为 3,当滑动窗口每次滑过数组时,计算当前滑动窗口中元素的和,得到结果 res。

滑动窗口可以用来解决一些查找满足一定条件的连续区间的性质(长度等)的问题。由于区间连续,因此当区间发生变化时,可以通过已有的计算结果对搜索空间进行剪枝,这样便减少了重复计算,降低了时间复杂度。滑动窗口算法主要是一种思想,并非某种数据结构。

3.1.2　Word2Vec 模型

Word2Vec 模型其实就是简单化的神经网络。利用非常简单的神经网络进行训练,就可以得到词向量。它用一个一层的神经网络(即下面要介绍的连续词袋)把独热编码形式的稀疏词向量映射为一个 n 维(n 一般为几百)的稠密向量的过程,如图 3.2 所示。

Word2Vec 主要包含两个模型——跳字模型和连续词袋模型以及高效的训练方法——负采样和 softmax 函数。值得一提的是,Word2Vec 可以较好地表达不同词之间

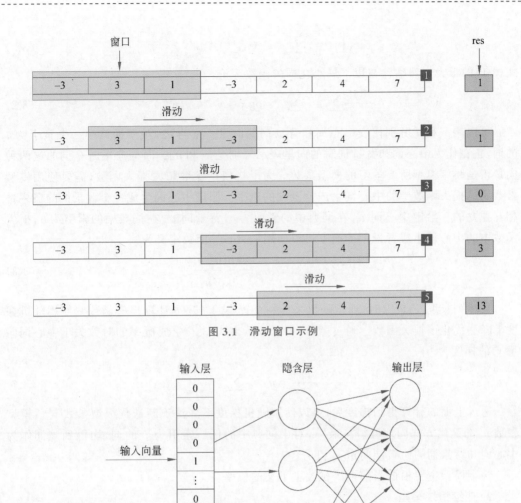

图 3.1　滑动窗口示例

图 3.2　**Word2Vec** 的神经网络模型

的相似和类比关系。

1. 跳字模型

在跳字(skip-gram)模型中,用一个词预测它在文本序列周围的词。例如,给定文本序列 never、too、late、to 和 learn,跳字模型关心的是:给定 late,生成它前后邻近的词 never、too、to 和 learn 的概率。在这个例子中,late 叫中心词,never、too、to 和 learn 叫背景词。由于 late 只生成与它距离不超过 2 的背景词,该时间窗口的大小为 2。

假设词典大小为 $|V|$,将词典中的每个词与从 0 到 $|V|-1$ 的整数一一对应,词典索引集 $V = \{0,1,\cdots,|V|-1\}$。一个词在词典中所对应的整数称为该词的索引。给定一个长度为 T 的文本序列,t 时刻的词为 $w(t)$。当时间窗口大小为 m 时,跳字模型需要最大化给定任一中心词生成背景词的概率,如下所示:

$$\prod_{t=1}^{T} \prod_{-m \leqslant j \leqslant m, j \neq 0} P(w^{(t+j)} \mid w^{(t)}) \tag{3.1}$$

式(3.1)的最大似然估计与以下最小化损失函数等价:

$$-\frac{1}{T} \sum_{t=1}^{T} \sum_{-m \leqslant j \leqslant m, j \neq 0} \log P(w^{(t+j)} \mid w^{(t)}) \tag{3.2}$$

可以用 v 和 u 分别代表中心词和背景词的向量。换言之,对于词典中一个索引为 i 的词,它在作为中心词和背景词时的向量表示分别是 v_i 和 u_i。而词典中所有词的这两种向量正是跳字模型所要学习的模型参数。为了将模型参数植入损失函数,需要使用模型参数表达损失函数中的中心词生成背景词的概率。假设中心词生成各个背景词的概率是相互独立的。给定中心词 w_c 在词典中的索引为 c,背景词 w_o 在词典中的索引为 o,损失函数中的中心词生成背景词的概率可以使用 softmax 函数定义为

$$P(w_o \mid w_c) = \frac{\exp(\boldsymbol{u}_o^{\mathrm{T}} \boldsymbol{v}_c)}{\sum_{i \in V} \exp(\boldsymbol{u}_i^{\mathrm{T}} \boldsymbol{v}_c)} \tag{3.3}$$

当序列长度 T 较大时,通常随机采样一个较小的子序列计算损失函数并使用随机梯度下降法优化该损失函数。通过微分,可以计算出式(3.3)生成概率的对数关于中心词向量 $\boldsymbol{v}_c$ 的梯度为

$$\frac{\partial \log P(w_o \mid w_c)}{\partial \boldsymbol{v}_c} = \boldsymbol{u}_o - \sum_{j \in V} P(w_j \mid w_c) \boldsymbol{u}_j \tag{3.4}$$

通过上面的计算得到梯度后,可以使用随机梯度下降法不断迭代模型参数 $\boldsymbol{v}_c$。模型参数 $\boldsymbol{u}_o$ 的迭代方式同理可得。最终,对于词典中的任一索引为 i 的词,均得到该词作为中心词和背景词的两组词向量 $\boldsymbol{v}_i$ 和 $\boldsymbol{u}_i$。

跳字模型主要根据当前词语预测上下文的概率。

2. 连续词袋模型

连续词袋(Continuous Bag Of Words,CBOW)模型是一种用于生成词向量的神经网络模型,由 Tomas Mikolov 等于 2013 年提出。词向量是一种将单词表示为固定长度的实数向量的方法,可以捕捉词之间的语义和语法关系。它的任务是:给定一个词的上下文(即窗口内的其他词),预测该词本身。例如,给定文本序列 never too late to learn,CBOW 所关心的是邻近词 never、too、to 和 learn 一起生成中心词 late 的概率。

CBOW 模型的目标是根据上下文预测当前词出现的概率,且上下文所有的词对当前词出现概率的影响的权重是一样的,因此称之为连续词袋模型。这就像从袋子中取词,取出数量足够的词就可以了,至于取出的先后顺序是无关紧要的。

假设词典大小为 $|V|$,将词典中的每个词与从 0 到 $|V|-1$ 的整数一一对应,词典索引集 $V=\{0, 1, \cdots, |V|-1\}$。一个词在词典中所对应的整数称为该词的索引。给定一个长度为 T 的文本序列,t 时刻的词为 $w(t)$。当时间窗口大小为 m 时,CBOW 模型由背景词生成任一中心词的概率如下所示:

$$\prod_{t=1}^{T} P(w^{(t)} \mid w^{(t-m)}, \cdots, w^{(t-1)}, w^{(t+1)}, \cdots, w^{(t+m)}) \tag{3.5}$$

式(3.5)的最大似然估计与以下最小化损失函数等价:

$$-\sum_{t=1}^{T} \log P\left(w^{(t)} \mid w^{(t-m)}, \cdots, w^{(t-1)}, w^{(t+1)}, \cdots, w^{(t+m)}\right) \tag{3.6}$$

可以用 $\boldsymbol{v}$ 和 $\boldsymbol{u}$ 分别代表背景词和中心词的向量(注意符号和跳字模型中的相反)。换言之,对于词典中一个索引为 i 的词,它在作为背景词和中心词时的向量表示分别是 $\boldsymbol{v}_i$ 和 $\boldsymbol{u}_i$。而词典中所有词的这两种向量正是 CBOW 模型所要学习的模型参数。为了将模型参数植入损失函数,需要使用模型参数表达损失函数中的背景词生成中心词的概率。给定中心词 w_c 在词典中索引为 c,背景词 $w_{o_1}, w_{o_2}, \cdots, w_{o_{2m}}$ 在词典中索引为 $o_1, o_2, \cdots, o_{2m}$,损失函数中的背景词生成中心词的概率可以使用 softmax 函数定义为

$$\frac{\partial \log P\left(w_c \mid w_{o_1}, w_{o_2}, \cdots, w_{o_{2m}}\right)}{\partial \boldsymbol{v}_{o_i}} = \frac{1}{2m}\left(\boldsymbol{u}_c - \sum_{j \in V} \frac{\exp(\boldsymbol{u}_j^{\mathrm{T}} \boldsymbol{v}_c)}{\sum_{i \in V} \exp(\boldsymbol{u}_i^{\mathrm{T}} \boldsymbol{v}_c)} \boldsymbol{u}_j\right) \tag{3.7}$$

当序列长度 T 较大时,通常通过随机采样得到一个较小的子序列来计算损失函数,并使用随机梯度下降法优化该损失函数。通过微分,可以计算出式(3.7)生成概率的对数关于任一背景词向量 $\boldsymbol{v}_{o_i}(i = 1, \cdots, 2m)$ 的梯度:

$$\frac{\partial \log P\left(w_c \mid w_{o_1}, w_{o_2}, \cdots, w_{o_{2m}}\right)}{\partial \boldsymbol{v}_{o_i}} = \frac{1}{2m}\left(\boldsymbol{u}_c - \sum_{j \in V} P\left(w_j \mid w_c\right) \boldsymbol{u}_j\right) \tag{3.8}$$

通过计算得到梯度后,可以使用随机梯度下降法不断迭代各个模型参数 $\boldsymbol{v}_{o_i}(i = 1, 2, \cdots, 2m)$。模型参数 $\boldsymbol{u}_c$ 的迭代方式同理可得。最终,对于词典中的任一索引为 i 的词,均得到该词作为背景词和中心词的两组词向量 $\boldsymbol{v}_i$ 和 $\boldsymbol{u}_i$。

可以看到,无论是跳字模型还是 CBOW 模型,都利用神经网络作为其分类算法。每一步梯度计算的开销与词典 V 的大小相关。起初每个词都是一个随机 N 维向量。经过训练之后,该算法利用跳字模型或者 CBOW 模型的方法获得每个词的最优向量。显然,当词典较大时,例如几十万到上百万个词,这种训练方法的计算开销比较大。所以,使用上述训练方法在实践中是有难度的。可以使用近似的方法计算这些梯度,从而减小计算开销。常用的近似训练法包括使用两个关键工具:负采样和 softmax 函数。

下面以跳字模型为例介绍负采样。

词典 V 大小之所以会在目标函数中出现,是因为中心词 w_c 生成背景词 w_o 的概率 $P(w_o|w_c)$ 使用了 softmax 函数,而 softmax 函数正是考虑了背景词可能是词典中的任意一个词,并体现在 softmax 函数的分母上。

不妨换个角度,假设中心词 w_c 生成背景词 w_o 是由以下相互独立的事件联合近似的。可以使用 $\sigma(x) = 1/[1 + \exp(-x)]$ 函数表达中心词 w_c 和背景词 w_o 同时出现在该训练数据窗口的概率:

$$P\left(D = 1 \mid w_o, w_c\right) = \sigma(\boldsymbol{u}_o^{\mathrm{T}} \boldsymbol{v}_c) \tag{3.9}$$

那么,中心词 w_c 生成背景词 w_o 的对数概率可以近似为

$$\log P\left(w_o|w_c\right) = \log\left[P\left(D = 1|w_o, w_c\right) \prod_{k=1, w_k \sim P(w)}^{K} P\left(D = 0|w_k, w_c\right)\right] \tag{3.10}$$

假设噪声词 w_k 在词典中的索引为 i_k,式(3.10)可改写为

$$\log P\left(w_o \mid w_c\right) = \log \frac{1}{1 + \exp(-\boldsymbol{u}_o^{\mathrm{T}} \boldsymbol{v}_c)} + \sum_{k=1, w_k \sim P(w)}^{K} \log\left[1 - \frac{1}{1 + \exp(-\boldsymbol{u}_{i_k}^{\mathrm{T}} \boldsymbol{v}_c)}\right]$$

$$\tag{3.11}$$

由此,有关于中心词 w_c 生成背景词 w_o 的损失函数如下所示:

$$-\log \mathbb{P}(w_o \mid w_c) = -\log \frac{1}{1+\exp(-\boldsymbol{u}_o^{\mathrm{T}} \boldsymbol{v}_c)} - \sum_{k=1, w_k \sim \boldsymbol{P}(w)}^{K} \log \frac{1}{1+\exp(\boldsymbol{u}_{i_k}^{\mathrm{T}} \boldsymbol{v}_c)} \quad (3.12)$$

当 K 取较小值时,每次随机梯度下降的梯度计算开销将由 $O(|V|)$ 降为 $O(K)$。

同样,也可以对 CBOW 模型进行负采样。有关背景词 $w^{(t-m)}, \cdots, w^{(t-1)}, w^{(t+1)}, \cdots,$ $w^{(t+m)}$ 生成中心词 w_c 的损失函数如下所示:

$$-\log \mathbb{P}(w^{(t)} \mid w^{(t-m)}, \cdots, w^{(t-1)}, w^{(t+1)}, \cdots, w^{(t+m)}) \quad (3.13)$$

在负采样中可以近似表达为

$$-\log \frac{1}{1+\exp\left[-\dfrac{\boldsymbol{u}_c^{\mathrm{T}}(\boldsymbol{v}_{o_1}+\boldsymbol{v}_{o_2}+\cdots+\boldsymbol{v}_{o_{2m}})}{2m}\right]}$$

$$-\sum_{k=1, w_k \sim \boldsymbol{P}(w)}^{K} \log \frac{1}{1+\exp[(\boldsymbol{u}_{i_k}^{\mathrm{T}}(\boldsymbol{v}_{o_1}+\boldsymbol{v}_{o_2}+\cdots+\boldsymbol{v}_{o_{2m}})/(2m)]} \quad (3.14)$$

同样,当 K 取较小值时,每次随机梯度下降的梯度计算开销将由 $O(|V|)$ 降为 $O(K)$。

3. softmax 函数

softmax 函数利用了二叉树,树中的每个叶子节点代表词典 V 中的每个词。每个词 w_i 相应的词向量为 $\boldsymbol{v}_i$。下面以图 3.3 为例描述 softmax 函数的工作机制。

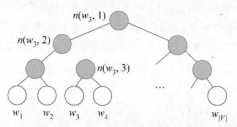

图 3.3 softmax 函数的工作机制

假设 $L(w)$ 为从二叉树的根到代表词 w 的叶子节点的路径上的节点数,并设 $n(w,i)$ 为该路径上的第 i 个节点,该节点的向量为 $\boldsymbol{u}_n(w,i)$。以图 3.3 为例,$L(w_3)=4$。那么,跳字模型和 CBOW 模型需要计算的任意词 w_i 生成词 w 的概率为

$$\mathbb{P}(w \mid w_i) = \prod_{j=1}^{L(w)-1} \sigma([n(w,j+1)=\text{leftChild}(n(w,j))] \boldsymbol{u}_{n(w,j)}^{\mathrm{T}} \boldsymbol{v}_i) \quad (3.15)$$

其中,$\sigma(x)=1/[1+\exp(-x)]$。如果 x 为真,则 $[x]=1$;反之,$[x]=-1$。

由于 $\sigma(x)+\sigma(-x)=1$,w_i 生成词典中任意一个词的概率之和为 1:

$$\sum_{w=1}^{v} \mathbb{P}(w \mid w_i) = 1 \quad (3.16)$$

以计算 w_i 生成 w_3 的概率为例。由于在二叉树中由根到 w_3 的路径上需要向左、向右再向左遍历,可得到

$$\mathbb{P}(w_3 \mid w_i) = \sigma(\boldsymbol{u}_{n(w_3,1)}^{\mathrm{T}} \boldsymbol{v}_i) \sigma(-\boldsymbol{u}_{n(w_3,2)}^{\mathrm{T}} \boldsymbol{v}_i) \sigma(\boldsymbol{u}_{n(w_3,3)}^{\mathrm{T}} \boldsymbol{v}_i)) \quad (3.17)$$

可以使用随机梯度下降法在跳字模型和 CBOW 模型中不断迭代计算字典中所有词

向量 v 和非叶子节点的向量 u。每次迭代的计算开销由 $O(|V|)$ 降为二叉树的高度 $O(\log|V|)$。

3.1.3 Word2Vec 训练流程

Word2Vec 利用两类架构产生分布式的词表示:跳词模型架构和 CBOW 模型架构,如图 3.4 所示。跳词模型根据某个词分别计算它前后出现某几个词的概率。CBOW 模型根据某个词前面或者前后 C 个连续的词计算该词出现的概率。

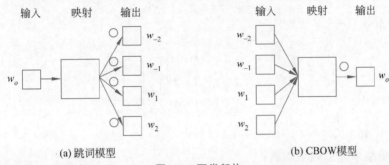

(a) 跳词模型　　　　　　　　　　　　(b) CBOW模型

图 3.4　两类架构

Word2Vec 使用固定大小的滑动窗口框住文本中连续出现的词来构造训练数据。在滑动窗口中,中间的词为目标词,其他的词为上下文词。

- 对给定的上下文词,利用 CBOW 模型预测目标词的概率。
- 对给定的目标词,利用跳词模型预测上下文词的概率。

1. CBOW 模型训练的基本步骤

CBOW 模型训练的基本步骤如下:

(1) 对词进行独热编码,作为模型的输入,其中词汇表的维度为 $|V|$,上下文词的数量为 C。

(2) 将所有上下文词的独热编码向量分别乘以输入层到隐含层的权重矩阵 W。

(3) 将上一步得到的各个向量相加取平均作为隐含层向量。

(4) 将隐含层向量乘以隐含层到输出层的权重矩阵 W'。

(5) 对计算得到的向量进行 softmax 激活处理,得到 $|V|$ 维的概率分布,取概率最大的索引对应的词作为预测的目标词。

2. CBOW 模型训练示例

假设现在的语料库只有 4 个词:{I drink coffee everyday}。选择 coffee 作为中心词,窗口大小设为 2,也就是说,要根据单词 I、drink 和 everyday 预测一个词,并且希望这个词是 coffee,而 coffee 的标记数据就是一开始的独热编码 $[0\ \ 0\ \ 1\ \ 0]$。

(1) 对词 I、drink、coffee 和 everyday 进行独热编码:

$$w^{\text{I}} \rightarrow [1\ \ 0\ \ 0\ \ 0] \rightarrow x_1$$

$$w^{\text{drink}} \rightarrow [0\ \ 1\ \ 0\ \ 0] \rightarrow x_2$$

$$w^{\text{coffee}} \rightarrow [0\ \ 0\ \ 1\ \ 0] \rightarrow x_3$$

$$w^{\text{everyday}} \rightarrow [0\ \ 0\ \ 0\ \ 1] \rightarrow x_4$$

（2）将独热编码结果 $x_1=\begin{bmatrix}1&0&0&0\end{bmatrix}$，$x_2=\begin{bmatrix}0&1&0&0\end{bmatrix}$，$x_4=\begin{bmatrix}0&0&0&1\end{bmatrix}$ 分别乘以 3×4 的输入层到隐含层的权重矩阵 W（这个矩阵也叫嵌入矩阵，可以随机初始化生成）。例如，W 取初始化矩阵为

$$W=\begin{bmatrix}1&2&3&0\\1&2&1&2\\-1&1&1&1\end{bmatrix}$$

可得

$$Wx_2=V_2$$

其中

$$x_2=w^{\text{drink}}=\begin{bmatrix}0&1&0&0\end{bmatrix}$$

由此即可获得 V_2：

$$V_2=\begin{bmatrix}1&2&3&0\\1&2&1&2\\-1&1&1&1\end{bmatrix}\begin{bmatrix}0\\1\\0\\0\end{bmatrix}=\begin{bmatrix}2\\2\\1\end{bmatrix}$$

同理可求出 V_1 和 V_4。

（3）求出结果向量的平均值：

$$(V_1+V_2+V_4)/3=\frac{1}{3}\left(\begin{bmatrix}1\\1\\-1\end{bmatrix}+\begin{bmatrix}2\\2\\1\end{bmatrix}+\begin{bmatrix}0\\2\\1\end{bmatrix}\right)=\begin{bmatrix}1\\1.67\\0.33\end{bmatrix}$$

将得到的结果作为隐含层向量 $\begin{bmatrix}1&1.67&0.33\end{bmatrix}$。

（4）将隐含层向量 $\begin{bmatrix}1&1.67&0.33\end{bmatrix}$ 乘以 4×3 的隐含层到输出层的权重矩阵 W'。W' 如下：

$$W'=\begin{bmatrix}1&2&-1\\-1&2&-1\\1&2&2\\0&2&0\end{bmatrix}$$

这里，W' 矩阵也是嵌入矩阵，可以由初始化得到。W' 等价于 u_o：

$$u_o=\begin{bmatrix}1&2&-1\\-1&2&-1\\1&2&2\\0&2&0\end{bmatrix}\begin{bmatrix}1.00\\1.67\\0.33\end{bmatrix}=\begin{bmatrix}4.01\\2.01\\5.00\\3.34\end{bmatrix}\begin{matrix}u_1\\u_2\\u_3\\u_4\end{matrix}$$

得到输出向量 $u_o=\begin{bmatrix}4.01&2.01&5.00&3.34\end{bmatrix}$。

（5）对输出向量 $\begin{bmatrix}4.01&2.01&5.00&3.34\end{bmatrix}$ 进行 softmax 激活处理，得到实际输出 $\begin{bmatrix}0.23&0.03&0.62&0.12\end{bmatrix}$，并将其与真实标签 $\begin{bmatrix}0&0&1&0\end{bmatrix}$ 比较，然后基于损失函数进行梯度优化训练。如图 3.5 所示，得到的结果就是作为中心词的 coffee 的概率。

以上便是完整的 CBOW 模型计算过程，也是 Word2Vec 将词训练为词向量的基本方法之一。

$$\text{softmax}(\boldsymbol{u}_o) = \boldsymbol{y}$$

$$\text{softmax}\begin{bmatrix} 4.01 \\ 2.01 \\ 5.00 \\ 3.34 \end{bmatrix} = \begin{bmatrix} 0.23 \\ 0.03 \\ 0.62 \\ 0.12 \end{bmatrix}$$

图 3.5 中心词 coffee 的概率

综上所述,Word2Vec 就是将词表征为实数向量的一种高效的算法模型,它利用深度学习思想,通过训练将每个词映射成 K 维实数向量(K 一般为模型中的超参数),通过词之间的距离(例如余弦相似度、欧几里得距离等)判断它们之间的语义相似度。它采用一个 3 层的神经网络,即输入层—隐含层—输出层。根据词频采用哈夫曼编码,使得所有词频相似的词隐含层激活的内容基本一致,出现频率越高的词,激活的隐含层数目越少,这样就有效地降低了计算的复杂度。

Word2Vec 输出的词向量可以用于很多与自然语言处理相关的工作,例如聚类、找同义词、词性分析等。如果把词当作特征,那么 Word2Vec 就可以把特征映射到 K 维向量空间,可以为文本数据寻求更深层次的特征表示。

◈ 3.2 卷积神经网络

神经网络是一种分布式并行信息处理的算法数学模型,它通过调整内部神经元之间的权重关系达到处理信息的目的。与常规神经网络不同,卷积神经网络(CNN)是一种前馈神经网络,它由若干卷积层和池化层组成。卷积神经网络各层中的神经元是三维排列的,即宽度、高度和深度。因为卷积本身就是一个二维模板,所以宽度和高度是很好理解的;而深度指的是卷积神经网络中的激活数据体的第三个维度,而不是整个网络的层数。卷积神经网络模拟生物的视知觉。视知觉细胞从视网膜上接收光信号,但单个细胞不会接收所有信号的信息,只有感受到支配区域内的刺激才能激活,通过多个细胞的叠加产生视觉空间。

3.2.1 卷积神经网络结构

卷积神经网络的模型尽管多种多样,但是一般均由若干卷积层、池化层和全连接层组成,如图 3.6 所示。卷积层的作用是提取图像的特征。池化层的作用是对特征进行采样,可以使用较少的训练参数,同时还可以减轻网络模型的过拟合程度。卷积层和池化层一般交替出现在网络中,一个卷积层加一个池化层构成一个特征提取过程,但是并不是每个卷积层后都会有池化层,大部分卷积神经网络只有 3 个池化层。卷积神经网络的最后一般为一个或两个全连接层,该层负责把提取的特征图连接起来,通过分类器得到最终的分类结果。

在图 3.6 中,如果原始图像中有一只鸟。其识别过程可归纳为:首先对原图中的感兴趣区域(Region Of Interest,ROI)进行分析,判断鸟的嘴是尖的,全身有羽毛,有翅膀和

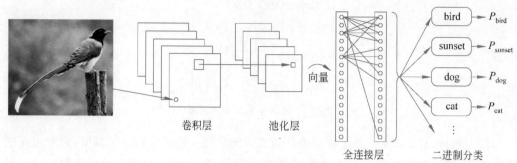

图 3.6　卷积神经网络结构

尾巴。然后将这些联系起来，判断这是一只鸟。而卷积神经网络的原理也类似，通过卷积层在 ROI 中查找特征，然后通过全连接层做分类，判断这是一只鸟。而池化层则是为了让训练的参数更少，在保持采样不变的情况下忽略一些信息。在图像处理中，卷积神经网络提取的特征比手工提取的特征效果更好，这是由卷积神经网络特殊的组织结构决定的，卷积层和池化层的共同作用使得卷积神经网络能提取出图像中较好的特征。下面详细分析每一层的工作过程。

1. 卷积层

在卷积层中，给定输入图像，在输出图像中每一个像素是输入图像中一个小区域中像素的加权平均，其中权值由一个函数定义，这个函数称为卷积核。卷积神经网络中通常包含多个可学习的卷积核，上一层输出的特征图与卷积核进行卷积操作，即输入项与卷积核进行点积运算，然后将结果送入激活函数 ReLU，就可以得到输出特征图。每一个输出特征图可能是组合卷积多个输入特征图的值。卷积层 l 的第 j 单元的输出值 a_j^l 的计算公式为

$$a_j^l = f\left(b_j^l + \sum_{i \in M_j^l} a_i^{l-1} \bm{k}_{ij}^l\right) \tag{3.18}$$

其中，M_j^l 表示选择的输入特征图的集合，k 表示可学习的卷积核，b_j^l 表示偏置。

图 3.7 展示了卷积层操作示例。4×4 的输入图像与 2×2 的卷积核进行卷积操作，得到 3×3 的输出图像。

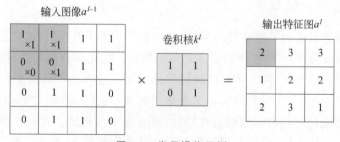

图 3.7　卷积操作示例

图 3.7 为一个二维卷积层示例，按照 $a_j^l = \text{ReLU}(b_j^l + a_i^{l-1} k_{ij}^l)$ 进行计算，激活函数的值为 $\text{ReLU}(1 \times 1 + 1 \times 1 + 0 \times 0 + 0 \times 1) = 2$。

通常把卷积核 k(或称为滤波器)看作一个滑动窗口,这个滑动窗口以设定的步长向前滑动。这里,输入图像的大小是 $4×4$,即 $M=4$;卷积核大小为 $2×2$,即 $k=2$;步长为 1,即 $s=1$。输出图像的大小为

$$N = (M - K)/s + 1 \tag{3.19}$$

2. 池化层

池化通常也称为降采样。池化层通常出现在卷积层之后,二者交替出现,并且每个卷积层都与一个池化层对应。池化层 l 中激活值 a_j^l 的计算公式为

$$a_j^l = f(b_j^l + \beta_j^l \text{down}(a_j^{l-1}, M^l)) \tag{3.20}$$

其中,$\text{down}(\cdot)$ 表示池化函数,常用的池化函数有 Mean-Pooling(平均池化)、Max-Pooling(最大池化)、Min-Pooling(最小池化)、Stochastic-Pooling(随机池化)等;b_j^l 为偏置,β_j^l 为乘数残差,M^l 表示第 l 层所采用的池化框大小为 $M^l × M^l$。对于最大池化来说,是选取输入图像中大小为 $M^l × M^l$ 的非重叠滑动框内所有像素的最大值。显然,对于非重叠池化来说,输出的特征图在像素上缩小了 M^l 倍。池化层比卷积层在更大幅度上减少了连接个数,也就是降低了特征的维度,从而避免过拟合,同时还使得池化输出的特征具有平移不变性。图 3.8 展示了最大池化和平均池化的计算过程。

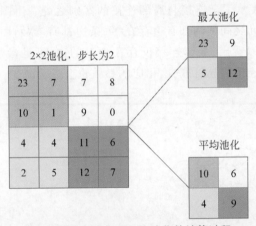

图 3.8　最大池化和平均池化的计算过程

例如,在图 3.8 的最大池化过程中,输入图像大小为 $4×4$,在每 $2×2$ 的区域中计算最大值。其过程为

$$\text{Max}\{23,7,10,1\} = 23$$
$$\text{Max}\{7,8,9,0\} = 9$$
$$\text{Max}\{4,4,2,5\} = 5$$
$$\text{Max}\{11,6,12,7\} = 12$$

由于步长为 2,因此各个 $2×2$ 的区域互不重叠,最后输出的池化特征图大小为 $2×2$,结果为 $\{23,9,5,12\}$。这个过程中分辨率变为原来的一半。

实际上,池化层每次保留的输出都是局部最显著的输出。这就意味着池化之后只保留了局部最显著的特征,而把其他无用的信息丢掉,以此减少运算量。池化层的引入还保证了平移不变性,即同样的图像经过翻转变形之后,通过池化层可以得到相似的结果。

通常卷积层和池化层会重复多次,形成具有多个隐含层的网络,也称深度神经网络。

3. 全连接层

全连接层的作用主要是进行分类。前面通过卷积层和池化层得出特征,在全连接层对这些特征进行分类。全连接层就是一个完全连接的神经网络,每个神经元反馈时的权重不一样,最后通过调整权重和网络得到分类的结果。

因为全连接层占用了神经网络80%的参数,所以对全连接层的优化就显得至关重要。当然,可以使用简单的平均值进行最后的分类。

卷积神经网络通常应用于图像中,擅长提取局部和位置不变的模式。

3.2.2 卷积神经网络的特点

卷积神经网络由多层感知机(MultiLayer Perceptron,MLP)演变而来。由于卷积神经网络具有局部连接、权值共享、降采样的结构特点,使得它在图像处理领域表现出色。

1. 局部连接

在传统的神经网络结构中,神经元之间的连接是全连接的,即 $n-1$ 层的所有神经元与 n 层的所有神经元连接。但是在卷积神经网络中,$n-1$ 层的各神经元仅与 n 层的部分神经元连接。图3.9展示了全连接与局部连接的区别之处。由图3.9(a)可以看出,前一层到后一层所有神经元之间两两都有边存在,每条边都有参数,由此可见,全连接的参数很多。由图3.9(b)可以看出,局部连接仅存在少量的边,可见参数减少了很多。对比左右两图可以明显看出连接数显著减少,相应的参数也会显著减少。

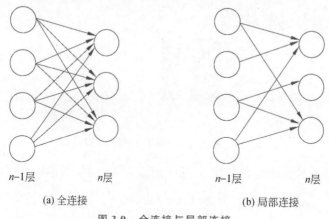

（a）全连接   （b）局部连接

图3.9   全连接与局部连接

2. 权值共享

前面讲过,卷积层中的卷积核类似于一个滑动窗口,如图3.10所示,在整个输入图像中以特定的步长滑动,经过卷积运算之后,得到输入图像的特征图,特征图就是卷积层提取的局部特征,而卷积核是共享参数的。在整个网络的训练过程中,包含权值的卷积核也会随之更新,直到训练完成。而这里的权值共享就是指整个图像在使用同一个卷积核内的参数。例如一个 $3 \times 3 \times 1$ 的卷积核,这个卷积核内9个的参数被整个图像共享,而不会因为图像内位置的不同而改变卷积核内的权系数。当然,CNN中每一个卷积层不会只有一个卷积核的,这样说只是为了方便解释。

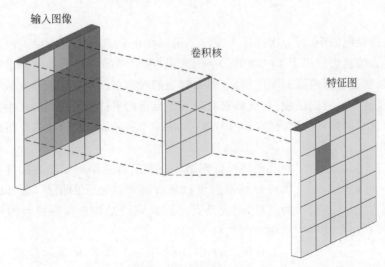

图 3.10　卷积运算示意

权值共享的卷积操作保证了每一个像素都有一个权系数,只是这些系数被整个图像共享,因此大大减少了卷积核中的参数量,降低了网络的复杂度。另外,传统的神经网络和机器学习方法需要对图像进行复杂的预处理以提取特征,将得到的特征再输入神经网络中。而加入卷积操作就可以利用图像空间的局部相关性自动提取特征。

因为权值共享意味着每一个卷积核只能提取到一种特征,为了增强卷积神经网络的表达能力,需要设置多个卷积核。但是,每个卷积层中卷积核的个数是一个超参数。

卷积神经网络相比于其他神经网络的特殊性主要在于局部连接与权值共享两方面。局部连接不像传统神经网络那样第 $n-1$ 层的每一个神经元都与第 n 层的所有神经元连接,而是第 $n-1$ 层的神经元仅与第 n 层的部分神经元连接。权值共享使得卷积神经网络的网络结构更加类似于生物神经网络。这两个特点的作用在于降低了网络模型的复杂度,减少了权值的数目。

3.2.3　卷积神经网络在自然语言处理领域中的应用

卷积神经网络也可以应用到自然语言处理领域中。在进行自然语言处理时往往基于词向量,处理系统通常包含输入层、卷积层、池化层和非线性层。

(1)输入层对输入进行处理,生成一个词向量矩阵,每个词都能获取一个维度固定的表示。

(2)经过不同大小的卷积层对词向量进行卷积运算。

(3)进入池化层,进一步提取特征,一般选择最大池化。

(4)进入非线性层,得到非线性输出。根据任务的不同,会进一步对得到的特征向量进行处理,可能要经过全连接层进行维度缩放。

◈ 3.3 循环神经网络

在传统神经网络中，每一次操作只关注当前时刻的信息。模型不会关注上一时刻的处理会有什么信息可以用于下一时刻。举例来说，想对一部影片中每一刻出现的事件进行分类，如果知道电影前面的事件信息，那么对当前时刻事件的分类就会比较容易。实际上，传统神经网络没有记忆能力，所以它对每一刻出现的事件进行分类时不会用到影片已经出现的信息。而循环神经网络（Recurrent Neural Network，RNN）主要用来解决这个问题。

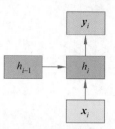

图 3.11 循环神经网络的神经元结构

循环神经网络是一类具有短期记忆能力的神经网络。它的神经元不但可以接收其他神经元的信息，也可以接收自身的信息，形成具有环路的网络结构。循环神经网络的神经元结构如图 3.11 所示。

在图 3.11 中，x_i 表示输入状态；h_i 表示隐藏状态，其公式如下：

$$h_i = \tanh(w_x x_i + w_h h_{i-1} + b)$$

y_i 表示输出，记为

$$y_i = F(h_i)$$

循环神经网络的关键点在于处理序列数据时有顺序记忆。

3.3.1 典型的循环神经网络单向传播

循环神经网络通过递归更新顺序记忆为序列数据建模。图 3.12 是具有 3 个神经元的循环神经网络。x_i 输入序列长度为 3，会生成 3 个隐藏状态 h_i 和 3 个输出 y_i。

假定给定某时刻的输入 x_i 和上一时刻的隐藏状态 h_{i-1}，要计算当前的隐藏状态 h_i 和输出 y_i，如图 3.13 所示。

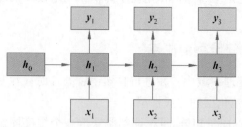

图 3.12 具有 3 个神经元的循环神经网络

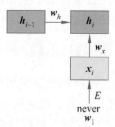

图 3.13 计算当前的隐藏状态 h_i 和输出 y_i

在图 3.13 中，独热向量 $w_i \in \mathbb{R}^{|V|}$。经过词嵌入矩阵计算 E，得到独热向量 x_i：

$$x_i = E w_i \tag{3.21}$$

隐藏状态 h_i 用式（3.22）计算：

$$h_i = \tanh(w_x x_i + w_h h_{i-1} + b_1) \tag{3.22}$$

假设要输入 never too late to 到循环神经网络。首先在时刻 i 输入 w_i，它是一个独热向量，那么经过词嵌入矩阵得到对应的词嵌入向量 x_i，作为循环神经网络的输入。然后

根据 x_i 和上一时刻的隐藏状态 h_{i-1} 计算当前时刻的隐藏状态。假设这里是第一个时刻 $i=1$，因此 h_0 需要初始化，一般初始化为零向量。以此类推，将 never too late to 依次输入循环神经网络中，如图 3.14 所示，让语言模型预测需要的词是什么。

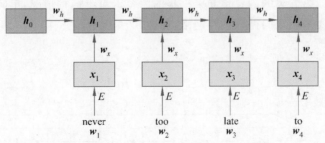

图 3.14　never too late to 依次输入 RNN 网络

这时候，需要用到最后时刻 to 的隐藏状态 h_4，因为该隐藏状态包含了前面 3 个词的所有信息。同理，这里也会经过线性层，把它的维度转换为词表大小，然后用 softmax 函数计算词表中每个词作为下一个词的概率，如下所示：

$$y_4 = \mathrm{softmax}(U h_4 + b_2) \in \mathbb{R}^{|V|} \tag{3.23}$$

从图 3.14 中也可以发现，每个时刻的 w_x 和 w_h 都是一样的，因为每个时刻其实都是同一个循环神经网络单元的不断复制，可以很好地实现参数共享，这样有助于模型处理不同长度的样本，也有助于模型更好地学习，节省参数量。

循环神经网络适合处理序列数据，即一个序列当前的输出与前面的输出也有关。从理论上看，循环神经网络能够对任何长度的序列数据进行处理。但是在实践中，为了降低复杂性，往往假设当前的状态只与前面的几个状态相关。循环神经网络模型结构可抽象成如图 3.15 所示。

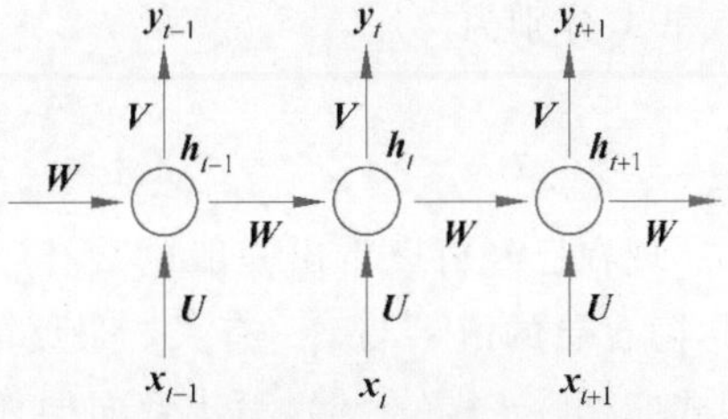

图 3.15　循环神经网络模型抽象结构

在图 3.15 中：

- x 是一个向量，表示输入层的值。
- h 是一个向量，表示隐含层的值。
- U 是输入层到隐含层的权重矩阵。
- y 是一个向量，表示输出层的值。
- V 是隐含层到输出层的权重矩阵。
- W 是权重矩阵，就是隐含层上一次的值作为这一次的输入的权重值。

因为循环神经网络的隐含层的值 h 不仅取决于当前的输入 x，还取决于上一次隐含层的值 h。在同一个隐含层中，不同时刻的 W、V、U 均相等，这就是循环神经网络的参数共享。

循环神经网络是一种特殊的神经网络结构，它是根据"人的认知是基于过往的经验和记忆"这一观点提出的。它与深度神经网络和卷积神经网络不同的是：它不仅考虑前一时刻的输入，而且赋予神经网络对前面的内容的一种记忆功能。

3.3.2 双向循环神经网络

假设有一部电视剧,在第三集里才出现的人物用前两集的内容是预测不出来的,所以需要用到第四集、第五集的内容预测第三集的内容。对于这种情况,单向循环神经网络是无法建模的,需要采用双向循环神经网络,如图 3.16 所示。

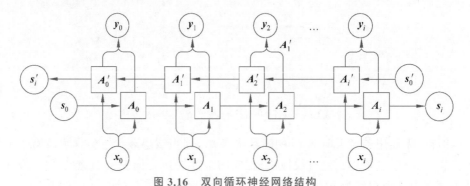

图 3.16   双向循环神经网络结构

从图 3.16 中可以看出,双向循环神经网络的隐含层要保存两个值:一个值是 A_i,参与正向计算;另一个值是 A_i',参与反向计算。以 y_2 的计算为例,推出循环神经网络的一般规律。最终的输出值 y_2 取决于 A_2 和 A_2',其计算公式为

$$Y_2 = g(VA_2 + V'A_2') \tag{3.24}$$

A_2 和 A_2' 分别为

$$A_2 = f(WA_1 + Ux_2) \tag{3.25}$$

$$A_2' = f(W'A_1' + U'x_2') \tag{3.26}$$

现在已经可以看出一般的规律:正向计算时,隐含层的值 s_t 与 s_{t-1} 有关;反向计算时,隐含层的值 s_t' 与 s_{t-1}' 有关。最终的输出取决于正向计算和反向计算的加和。现在,仿照式(3.24)~式(3.26),写出双向循环神经网络的计算公式:

$$o_i = g(Vs_i + V's_i') \tag{3.27}$$

$$s_i = f(Ux_i + Ws_{i-1}) \tag{3.28}$$

$$s_i' = f(U'x_i + W's_{i+1}) \tag{3.29}$$

从式(3.27)~式(3.29)可以看到,正向计算和反向计算不共享权重,也就是说 U 和 U'、W 和 W'、V 和 V' 都是不同的权重矩阵。

双向循环神经网络需要的内存是单向循环神经网络的两倍,因为在同一时间点,双向循环神经网络需要保存两个方向上的权重参数,在分类时需要同时输入两个隐含层输出的信息。

3.3.3 深度循环神经网络

利用很多单个神经元可以构成一个只有一层的神经网络。有时单个隐含层不能很好地学习数据内部关系。得到了单层神经网络之后,可以在后面继续叠加多个隐含层,形成深度循环神经网络,或叫多层神经网络(MultiLayer Neural Network,MLNN),如图 3.17

所示。

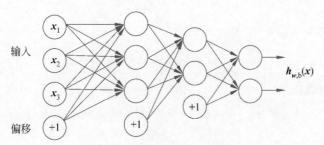

图 3.17　深度循环神经网络

这种多层网络和前面介绍的循环神经网络一样，只能沿着一个方向（从左到右）读取输入，依次计算每层的结果，这就是所谓的前向计算（feed forward computation）。如果能双向地读取输入，那么问题就能解决得更好。

通常将输入层之后添加的层称为隐含层。由图 3.18 可见，有 3 个隐含层 h_1、h_2、h_3，每层的输入由上层的输入经由线性变换 $w_i h_{i-1} + b$ 和激活函数 $f()$ 得到。

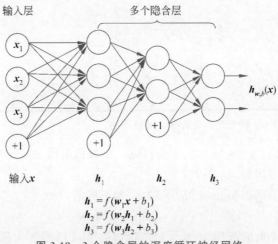

$$h_1 = f(w_1 x + b_1)$$
$$h_2 = f(w_2 h_1 + b_2)$$
$$h_3 = f(w_3 h_2 + b_3)$$

图 3.18　3 个隐含层的深度循环神经网络

1. 关于激活函数的讨论

从图 3.18 中可见，对一个单层神经网络进行的是线性变换（$w_i h_{i-1} + b_i$），而激活函数 $f(\cdot)$ 一般都是非线性的。如果 $f(\cdot)$ 使用线性激活函数，则 h_1、h_2、h_3 每层相当于对上一层的输出进行了一次线性变换，就失去叠加的意义。这里把第一层的计算结果 h_1 代入 h_2 的计算公式中之后，可以发现，表面上的单层神经网络的线性变换，实际上进行的是非线性变换，如式（3.30）所示：

$$h_1 = w_1 x + b_1 \quad h_2 = w_2 h_1 + b_2 \rightarrow h_2 = w_2 w_1 x + w_2 b_1 + b_2 \tag{3.30}$$

另外，使用激活函数之后，可拟合更复杂的函数，大大增强网络的表达能力。通常使用的激活函数如下所示：

- sigmoid 函数：

$$f(z) = \frac{1}{1 + e^{-z}}$$

- tanh 函数：

$$f(z) = \tanh(z) = \frac{e^z - e^{-z}}{e^z + e^{-z}}$$

- ReLU 函数：

$$f(z) = \max(z, 0)$$

2. 输出层

可以通过叠加更多的隐含层提升网络的表达能力，为此就需要增加神经网络的输出层，如图 3.19 所示，这种结构比图 3.18 所示的神经网络多了一个隐含层。

输出层根据需要有不同的形态。对于图 3.20 所示的只有一个输出的输出层，对应以下两种情况：

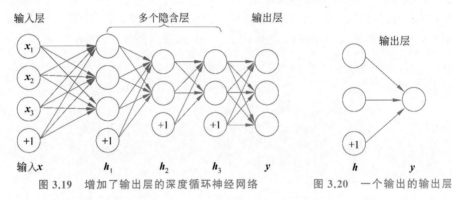

图 3.19　增加了输出层的深度循环神经网络　　　　图 3.20　一个输出的输出层

- 一是线性输出：$y = w^T h + b$，它会得到一个取值范围在 $(-\infty, +\infty)$ 的标量，通常用来解决回归问题。
- 二是经过激活函数 sigmoid 后的输出，如下所示：

$$y = \text{sigmoid}(w^T h + b) \tag{3.31}$$

它会得到一个取值范围为 $[0, 1]$ 的实数，通常可以理解为属于某一类别的概率。那么不属于该类别的概率就是 $1 - y$。

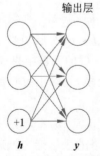

图 3.21　多个输出的输出层

如果有多个输出，如图 3.21 所示，那么就可以视为多分类问题，每个输出值代表对应类别的得分，那么经过 softmax 函数后，就可以转换为式 (3.32) 所示的概率：

$$y_i = \text{softmax}(z_i) = \frac{\exp(z_i)}{\sum_j \exp(z_j)} \quad z = wh + b \tag{3.32}$$

这里 z_i 对应其中第 i 个输出。

深度双向循环神经网络与双向循环神经网络相比，只是在每个时刻有多个隐含层。在实际中有更强的学习能力，但也需要更多的训练数据。

3.3.4　循环神经网络的主要应用领域

循环神经网络的应用领域有很多,可以说要考虑时间先后顺序的问题都可以使用循环神经网络解决。常见的应用领域如下:

(1) 自然语言处理,主要有视频处理、文本生成、语言模型、图像处理。

(2) 机器翻译、机器写作。

(3) 语音识别。

(4) 图像描述生成。

(5) 文本相似度计算。

(6) 音乐、商品、视频推荐等新的应用领域。

第 4 章

生成式模型

机器学习模型分为生成式模型和判别式模型两大类。判别式模型由数据直接学习决策函数 $f(x)$ 或者条件概率分布 $P(y|x)$ 作为预测,也就是给出一个判断,例如是哪个类别、值是多少。简单地说,判别式模型给出的是一个值。但有时不需要得到一个值,而是要得到值的分布,这就需要生成式模型。所谓生成式模型,就是由数据学习联合概率密度分布 $P(x,y)$,然后生成条件概率分布 $P(y|x)$,或者直接学得一个决策函数 $Y=f(x)$,用于模型预测。近年来,通过学习可观测数据的概率密度而随机生成样本的生成式模型受到广泛关注,机器学习,尤其是深度学习,迎来了爆发式增长,网络结构中包含多个隐含层的深度生成式模型以更出色的生成能力成为研究热点,深度生成式模型在计算机视觉、密度估计、自然语言处理、语音识别、半监督学习等领域得到成功应用,并给无监督学习提供了良好的范式。本章主要介绍几个生成式模型及深度生成模型,并着重讨论这些模型的原理和结构。

◆ 4.1 混合高斯模型

统计学习的模型有两种,分别是概率模型和非概率模型。所谓概率模型,就是指要学习的模型的形式是 $P(y|x)$。这样,在分类的过程中,通过未知数据 x 可以获得 y 取值的概率分布,也就是训练后模型得到的输出不是一个具体的值,而是一系列值的概率。对于分类问题,就是对应各个类的概率,然后选取概率最大的那个类作为判别结果。高斯模型就是用高斯概率密度函数(正态分布曲线)精确地量化事物,将一个事物分解为若干基于高斯概率密度函数所形成的模型。例如,对图像背景建立高斯模型,图像灰度直方图反映的是图像中某个灰度值出现的频次,也可以看作图像灰度概率密度的估计。如果一个图像所包含的目标区域和背景区域相差比较大,且在灰度上有一定的差异,那么该图像的灰度直方图呈现双峰形状,其中一个峰对应于目标,另一个峰对应于背景的中心灰度。

所谓混合高斯模型就是指对样本的概率密度分布进行估计,而估计的模型是几个高斯模型加权之和。每个高斯模型就代表了一个类(也称为簇,cluster)。对样本中的数据分别在几个高斯模型上投影,就会得到在各个类上的概率,然后就可以选取概率最大的类作为判别结果。

混合高斯模型的定义为

$$p(x) = \sum_{k=1}^{K} \pi_k p(x \mid k) \tag{4.1}$$

其中，K 为模型的个数；π_k 为第 k 个高斯的权重；$p(x|k)$ 为第 k 个高斯模型的概率密度函数，其均值为 μ_k，方差为 σ_k。对此概率密度的估计就是要求出 π_k、μ_k 和 σ_k 各个变量。等号右边求和式的各项的结果分别代表样本 x 属于各个类的概率。

在进行参数估计时常用的方法是最大似然法，也就是使样本点在估计的概率密度函数上的概率值最大。由于概率值一般都很小，N 很大的时候连乘的结果非常小，容易造成浮点数下溢。所以通常取其对数，将目标改写成

$$\max \sum_{i=1}^{N} \log p(x_i) \tag{4.2}$$

也就是最大化似然函数，完整形式则为

$$\max \sum_{i=1}^{N} \log \left(\sum_{k=1}^{K} \pi_k N(x_i \mid \mu_k, \sigma_k) \right) \tag{4.3}$$

一般在进行参数估计时都是通过对待求变量进行求导得到极值，在式(4.3)中，log 函数中包含求和，用求导的方法解方程组将会非常复杂。这里可以使用 EM 算法，即求解分为两步：第一步是假设已知各个高斯模型的参数(可以初始化或者由上一步迭代而来)，估计每个高斯模型的权值；第二步是基于估计的权值再去确定高斯模型的参数。重复这两个步骤，直到估计的权值波动很小。具体步骤如下：

(1) 对于第 i 个样本 x_i 来说，它由第 k 个模型生成的概率为

$$\omega_i(k) = \frac{\pi_k N(x_i \mid \mu_k, \sigma_k)}{\sum_{j=1}^{K} \pi_j N(x_i \mid \mu_j, \sigma_j)} \tag{4.4}$$

在这一步，假设高斯模型的参数和是已知的(由上一步迭代而来或由初始值决定)。

(2) 对样本 x_i 来说，它的 $\omega_i(k) x_i$ 的值是由第 k 个高斯模型产生的，换句话说，第 k 个高斯模型产生了 $\omega_i(k) x_i (i=1,2,\cdots,N)$ 这些数据。这样，在估计第 k 个高斯模型的参数时，就用 $\omega_i(k) x_i (i=1,2,\cdots,N)$ 这些数据进行参数估计。实际上和前面一样，常用最大似然方法进行估计，如下所示：

$$\mu_k = \frac{1}{N} \sum_{i=1}^{N} \omega_i(k) x_i \tag{4.5}$$

$$\sigma_k = \frac{1}{N_k} \sum_{i=1}^{N} \omega_i(k)(x_i - \mu_k)(x_i - \mu_k)^{\mathrm{T}} \tag{4.6}$$

$$N_k = \sum_{i=1}^{N} \omega_i(k) \tag{4.7}$$

(3) 重复上述两步，直到算法收敛。

混合高斯模型不是得到一个确定的分类标记，而是得到每个类的概率。混合高斯模型每一步迭代的计算量比较大，而且求解基于 EM 算法，因此有可能陷入局部极值，因此初始值的选取十分关键。混合高斯模型不仅可以用在聚类上，而且可以用在概率密度估

计上。

◆ 4.2　隐马尔可夫模型

隐马尔可夫模型(HMM)是一种结构简单的动态贝叶斯网络生成模型,也是一种著名的有向图模型。它是典型的用于自然语言处理标注问题的统计机器学习模型。

4.2.1　隐马尔可夫模型的定义

交通信号灯的变化序列是红色—绿色—黄色—红色。某个时期天气的变化序列是晴朗—多云—雨天。像交通信号灯一样,某一个状态只由前一个状态决定,就是一个一阶马尔可夫模型。而像天气一样,状态间的转移只依赖于前 n 个状态,就是 n 阶马尔可夫模型。

马尔可夫模型描述了一类重要的随机过程。随机过程又称随机函数,是随时间而随机变化的过程。

马尔可夫模型描述如下随机过程:如果一个系统有 N 个状态,分别为 $S_1, S_2, \cdots, S_N$,随着时间的推移,该系统从某一状态转移到另一状态。如果用 Q_t 表示系统在 t 时刻的状态,那么 t 时刻的状态取值为 $S_j(1 \leqslant j \leqslant N)$ 的概率取决于前 $t-1$ 个时刻的状态,该概率表示为

$$P(Q_t = S_j \mid Q_{t-1} = S_i \mid Q_{t-2} = S_k \mid \cdots) \tag{4.8}$$

假设一:如果在特定情况下系统在 t 时刻的状态只与其在 $t-1$ 时刻的状态相关,则该系统构成一个离散的一阶马尔可夫链,可表示为

$$P(Q_t = S_j \mid Q_{t-1} = S_i \mid Q_{t-2} = S_k \mid \cdots) = p(Q_t = S_j \mid Q_{t-1} = S_i)$$

假设二:如果只考虑独立于 t 时刻的随机过程,状态与时间无关,那么

$$P(Q_t = S_j \mid Q_{t-1} = S_i) = a_{ij}, 1 \leqslant i, j \leqslant N$$

如果 t 时刻状态的概率取决于前 $t-1$ 个时刻的状态,且状态的转换与时间无关,则该随机过程就是马尔可夫模型。

在隐马尔可夫模型中,每个状态代表一个可观察的事件,这在某种程度上限制了模型的适用性。例如,有 N 个袋子,每个袋子中有 M 种不同颜色的球。选择一个袋子,取出一个球,得到球的颜色。这里有以下参数:

(1) 状态数 N,即袋子的数目。

(2) 每个状态可能的符号数 M,即不同颜色球的数目。

(3) 状态转移概率矩阵 $\boldsymbol{A} = [a_{ij}]$,即从一个袋子(状态 S_i)转向另一个袋子(状态 S_j)取球的概率。

(4) 从状态 S_j 观察到某一特定符号 v_k 的概率分布矩阵 $\boldsymbol{B} = [b_j(k)]$,即从第 j 个袋子中取出第 k 种颜色的球的概率。

(5) 初始状态的概率分布 π。

上面给出的隐马尔可夫模型的定义描述了由一个隐藏的马尔可夫链随机生成不可观测的状态随机序列,再由各个状态生成一个可观测的随机序列的过程,隐藏的马尔可夫链

随机生成的状态序列称为状态序列；每个状态生成一个观测，而由此产生的观测随机序列称为观测序列。序列的每个位置又可以看作一个时刻。

4.2.2 隐马尔可夫模型的表示

假设 Q 是所有可能状态的集合，V 是所有可能观测的集合，即

$$Q = \{q_1, q_2, \cdots, q_N\}$$
$$V = \{v_1, v_2, \cdots, v_M\}$$

其中，N 是可能的状态数，M 是可能的观测数（状态 q 是不可见的，观测 v 是可见的）；I 是长度为 T 的状态序列，O 是对应的观测序列，即

$$I = (i_1, i_2, \cdots, i_T)$$
$$O = (o_1, o_2, \cdots, o_T)$$

则 A 为状态转移概率矩阵，可表示为

$$A = \left[a_{ij}\right]_{N \times N}$$

其中，$a_{ij} = p(i_{t+1} = q_j | i_t = q_i)$，$i = 1, 2, \cdots, N$，$j = 1, 2, \cdots, N$，$a_{ij}$ 代表 t 时刻处于 q_i 状态，$t+1$ 时刻转移到 q_j 状态的概率。

B 为观测概率矩阵，可表示为

$$B = \left[b_j(k)\right]_{N \times M}$$

其中，$b_j(k) = p(O_t = v_k | i_t = q_j)$，$k = 1, 2, \cdots, M$，$j = 1, 2, \cdots, N$，$b_j(k)$ 代表 t 时刻处于 q_j 状态生成观测 v_k 的概率，也叫生成概率或发射概率；π 为初始状态概率向量：

$$\pi = (\pi_i)$$

其中，$\pi_i = P(i_1 = q_i)$，$i = 1, 2, \cdots, N$。

隐马尔可夫模型由初始状态向量 π、状态转移矩阵 A 和观测概率矩阵 B 决定。π 和 A 决定状态序列，B 决定观测序列。因此，隐马尔可夫模型可用三元符号表示，即 $\lambda = (A, B, \pi)$。

这里隐马尔可夫模型基于以下 3 个假设：

（1）齐次马尔可夫假设（一阶马尔可夫假设）。任意时刻的状态只依赖于前一时刻的状态，与其他时刻及观测值无关，即

$$P(i_t | i_{t-1}, o_{t-1}, \cdots, i_1, o_1) = P(i_t | i_{t-1})$$

（2）观测独立性假设。任意时刻的观测值只依赖于当前时刻的状态，与其他状态及观测值无关，即

$$P(o_t | i_T, o_T, \cdots, i_t, i_{t-1}, o_{t-1}, \cdots, i_1, o_1) = P(o_t | i_t)$$

根据齐次马尔可夫假设和观测独立性假设，隐马尔可夫模型求解的联合概率分布可以定义为

$$P(o_1, i_1, \cdots, o_n, i_n) = P(i_1)P(o_1 | i_1)\prod_{j=2}^{n} P(i_j | i_{j-1})P(o_j | i_j)$$

（3）参数不变性假设。三要素不随时间的变化而变化，即三要素在整个训练过程中保持不变。

4.2.3　隐马尔可夫模型的使用

系统一旦可以作为隐马尔可夫模型描述,就可以用来解决一些实际问题,例如评估观测序列概率问题。给定模型 $\lambda = (A, B, \pi)$ 和观测序列 $O = (o_1, o_2, \cdots, o_T)$,计算在模型 λ 下观测序列 O 出现的概率 $p(O|\lambda)$。

1. 前向算法

定义前向变量如下:

$$\alpha_t(i) = P(o_1, o_2, \cdots, o_t, i_t = q_i \mid \lambda)$$

$\alpha_t(i)$ 表示在 t 时刻观测序列为 $o_1, o_2, \cdots, o_t$,状态为 q_i 的概率。因此,在模型 λ 下观测序列 O 的概率 $P(O|\lambda)$ 为

$$P(O \mid \lambda) = \sum_{i=1}^{N} \alpha_T(i)$$

具体步骤如下:

(1) 求初值:

$$\alpha_1(i) = \pi_i b_i(o_i), i = 1, 2, \cdots, N$$

(2) 递归。在 $t+1$ 时刻:

$$\alpha_{t+1}(i) = \left[\sum_{j=1}^{N} \alpha_t(j) \alpha_{ji} \right] b_i(o_{t+1}), i = 1, 2, \cdots, N$$

(3) $t = T$ 时刻递归终止,得到

$$P(O \mid \lambda) = \sum_{i=1}^{N} \alpha_T(i)$$

2. 后向算法

定义后向变量为

$$\beta_t(i) = P(o_{t+1}, o_{t+2}, \cdots, o_T \mid i_t = q_i, \lambda)$$

其中,$\beta_t(i)$ 表示在 t 时刻状态为 q_i 的条件下,从 $t+1$ 到 T 时刻部分观测序列为 o_{t+1}, $o_{t+2}, \cdots, o_T$ 的概率,则在模型 λ 下观测序列 O 的概率 $P(O|\lambda)$ 为

$$P(O \mid \lambda) = \sum_{i=1}^{N} \pi_i b_i(o_1) \beta_1(i)$$

具体步骤如下:

(1) 定义初始值 $\beta_T(i) = 1, i = 1, 2, \cdots, N$($t+1$ 时刻不存在,$t+1$ 时刻以后发生的是必然事件)。

(2) 递归。在 t 时刻:

$$\beta_t(i) = \sum_{j=1}^{N} a_{ij} b_j(o_{t+1}) \beta_{t+1}(j), i = 1, 2, \cdots, N$$

(3) $t = 1$ 时刻递归终止,得到

$$P(O \mid \lambda) = \sum_{i=1}^{N} \pi_i b_i(o_1) \beta_1(i)$$

在隐马尔可夫模型中,可以利用前向变量和后向变量计算单个状态的概率或两个状态的联合概率。

在模型 λ 和观测序列 $\boldsymbol{O}$ 下，在 t 时刻单个状态为 q_i 的概率为

$$\gamma_t(i) = P(i_t = q_i \mid \boldsymbol{O}, \lambda) = \frac{P(i_t = q_i, \boldsymbol{O} \mid \lambda)}{P(\boldsymbol{O} \mid \lambda)} = \frac{\alpha_t(i)\beta_t(i)}{\sum\limits_{j=1}^{N} \alpha_t(j)\beta_t(j)}$$

在模型 λ 和观测序列 $\boldsymbol{O}$ 下，在 t 时刻状态为 q_i 且 $t+1$ 时刻状态为 q_j 的两个状态的联合概率为

$$\xi_\tau(i,j) = P(i_\tau = q_i, i_{\tau+1} = q_j \mid \boldsymbol{O}, \lambda) = \frac{P(i_\tau = q_i, i_{\tau+1} = q_j, \boldsymbol{O} \mid \lambda)}{P(\boldsymbol{O} \mid \lambda)}$$

$$= \frac{\alpha_\tau(i)\, a_{i,j}\, b_j(o_{\tau+1})\, \beta_{\tau+1}(j)}{\sum\limits_{i=1}^{N}\sum\limits_{j=1}^{N} \alpha_\tau(i)\, a_{ij}\, b_j(o_{\tau+1})\, \beta_{\tau+1}(j)}$$

4.2.4　维特比算法

给定模型 $\lambda = (\boldsymbol{A}, \boldsymbol{B}, \boldsymbol{\pi})$ 及观测序列 $\boldsymbol{O} = (o_1, o_2, \cdots, o_T)$，求最有可能的状态序列。解决这类问题的简单方法是：基于贪心思想，对每个时间点都取使得对应输出的概率最大的状态。

$$i_1 = \arg\max_{i_t} P(i_t) P(o_1 \mid i_t)$$

$$i_2 = \arg\max_{i_t} P(i_t \mid i_1) P(o_2 \mid i_t)$$

$$\vdots$$

$$i_T = \arg\max_{i_t} P(i_j \mid i_{T-1}) P(o_T \mid i_t)$$

这种方法的缺点是没有考虑时序关系，不能保证预测的状态序列整体上是最优可能的状态序列，预测的状态序列可能有实际不发生的部分。

维特比算法(Viterbi algorithm)是一种动态规划算法，它用于寻找最有可能产生观测事件序列的维特比路径(隐含状态序列)。

根据动态规划原理，如果最优路径在 t 时刻通过节点 i，那么这条路径从节点 i 到终点的部分路径在节点 i 到终点的路径中一定是最优的。利用该原理就可以从 $t=1$ 时刻开始不断向后递推到下一个状态路径的最大概率，直到在最后到达最终的最优路径终点，再依据终点回溯到起始点，就得到最优路径。

算法如下：

输入：模型 $\lambda = (\boldsymbol{A}, \boldsymbol{B}, \boldsymbol{\pi})$ 及观测序列 $\boldsymbol{O} = (o_1, o_2, \cdots, o_T)$。

输出：最大概率隐含状态序列 $\boldsymbol{I}^* = \{i_1^*, i_2^*, \cdots, i_T^*\}$。

假设两个局部状态：

(1) $\delta_t(i)$ 为 t 时刻隐含状态为 i 的所有可能状态转移路径 $i_1, i_2, \cdots, i_T$ 中的概率最大值(最优路径经过所有节点的联合概率)，即

$$\delta_t(i) = \max_{i_1, i_2, \cdots, i_{t-1}} P(i_t = i, i_1, i_2, \cdots, i_{t-1}, o_t, o_{t-1}, \cdots, o_1 \mid \lambda), i = 1, 2, \cdots, N$$

则递推公式为(j 为上一节点)

$$\delta_t(i) = \max_{i_1, i_2, \cdots, i_t} P(i_{t+1} = i, i_1, i_2, \cdots, i_t, o_{t+1}, o_t, \cdots, o_1 \mid \lambda)$$

$$= \max_{1 \leqslant j \leqslant N} [\delta_t(j) a_{ji}] b_i(o_{t+1})$$

(2) $\Psi_t(i)$ 为 t 时刻隐含状态为 i 的所有路径中概率最大的路径中的第 $t-1$ 个节点（记录上一时刻的隐含状态），即

$$\Psi_t(i) = \arg\max_{1 \leqslant j \leqslant N} \delta_{t-1}(j) a_{ji}$$

① $t=1$ 时刻局部状态为

$$\delta_1(i) = \pi_i b_i(o_1), i = 1, 2, \cdots, N$$

$$\Psi_1(i) = \arg\max_{1 \leqslant j \leqslant N} = 0, i = 1, 2, \cdots, N$$

② 动态规划。$t = 2, 3, \cdots, T$ 时刻的局部状态为

$$\delta_t(i) = \max_{1 \leqslant j \leqslant N} \delta_t(j) a_{ji} b_i(o_{t+1}), i = 1, 2, \cdots, N$$

$$\Psi_t(i) = \arg\max_{1 \leqslant j \leqslant N} \delta_{t-1}(j) a_{ji}, i = 1, 2, \cdots, N$$

③ 计算时刻 T 的局部状态，即最大概率隐含状态序列出现的概率值及 T 时刻的隐含状态：

$$P^* = \max_{1 \leqslant j \leqslant N} \delta_T(i)$$

$$i_T^* = \arg\max_{1 \leqslant j \leqslant N} \delta_T(i)$$

④ 利用 $\Psi_t(i)$ 回溯，对于 $t = T-1, T-2, \cdots, 1$ 有

$$i_t^* = \Psi_{t+1}(i_{t+1}^*)$$

由此得到最大概率隐藏序列：

$$I^* = \{i_1^*, i_2^*, \cdots, i_T^*\}$$

◈ 4.3　受限玻尔兹曼机

玻尔兹曼机（Boltzmann Machine，BM）是由能量函数定义的结构化无向图概率模型，用于学习二值向量上的任意概率分布，广义上把基于能量的模型都称作玻尔兹曼机。玻尔兹曼机层内各单元之间和各层之间均为全连接关系，权值大小表示单元之间的相互作用关系。

受限玻尔兹曼机（Restricted Boltzmann Machine，RBM）是玻尔兹曼机的一种特殊拓扑结构，能够描述变量之间的高阶相互作用，其模型结构具有完备的物理学解释，训练算法有严谨的数理统计基础。

4.3.1　受限玻尔兹曼机模型结构

受限玻尔兹曼机的单元被分成两组，每组称作一层，层之间的连接由权值矩阵描述。受限玻尔兹曼机与玻尔兹曼机均是包含一层可见变量和一层隐含变量的浅层模型。两者的区别是：受限玻尔兹曼机的层内神经元之间没有连接；受限玻尔兹曼机的上层是不可观测的隐含层，下层是可观测的输入层，两层的所有神经元只取 1 和 0，这两个值分别对应该神经元激活和未激活的两种状态。受限玻尔兹曼机结构如图 4.1 所示。

在图 4.1 中，x 表示可见层神经元（输入）；z 表示隐藏层神经元，为输入的映射；a、b、

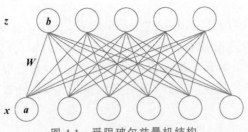

图 4.1　受限玻尔兹曼机结构

W 分别表示可见层偏置向量、隐含层偏置向量和权重矩阵。受限玻尔兹曼机的能量函数可用下式表示：

$$E(x_i, z_j) = -\sum_i a_i x_i - \sum_j b_j z_j - \sum_i \sum_j x_i w_{ij} z_j$$

其中，$E(x_i, z_j)$ 表示能量函数，这种形式使得模型中任意变量的概率可以无限趋于 0，但无法达到 0。

受限玻尔兹曼机的联合概率分布由能量函数指定，如下所示：

$$P(x_i, z_j) = x = \frac{1}{z} \exp(-E(x_i, z_j))$$

其中，z 是被称为配分函数的归一化常数：

$$z = \sum_i \sum_j \exp(-E(x_i, z_j))$$

二分图结构特有的性质使受限玻尔兹曼机的条件分布 $P(z_j|x)$ 和 $P(x_i|z)$ 是可因式分解的，使条件分布的计算和采样都比玻尔兹曼机简单。从联合分布中可以推导出条件分布：

$$P(z_j = 1 \mid \boldsymbol{x}) = \frac{1}{z'} \prod \exp(b_j z_j + z_j w_{ji} x_i)$$

根据条件分布因式相乘的原理可将可见变量的联合概率写成单个神经元分布的乘积：

$$P(z_j = 1 \mid \boldsymbol{x}) = \frac{P(z_j = 1 \mid x)}{P(z_j = 0 \mid x) + P(z_j = 1 \mid x)} = \sum_j \left(b_j + \sum_i x_i w_{ij} \right)$$

训练受限玻尔兹曼机模型使用极大似然法，似然函数的对数如下所示：

$$\ln L(\theta \mid \boldsymbol{x}) = \ln \sum_z e^{-E(x_i, z_j)} - \ln \sum_{x, z} e^{-E(x_i, z_j)}$$

4.3.2　配分函数

训练受限玻尔兹曼机时需要计算边缘概率分布，而无向图模型中未归一化的概率 $P^+(x)$ 必须除以配分函数进行归一化，以获得有效的概率分布 $p(x)$：

$$P(x) = \frac{1}{z} P^+(x)$$

其中，$P^+(x)$ 表示未归一化的概率，z 表示配分函数。配分函数是 $P^+(x)$ 所有状态的积分，理论上难以求解。配分函数的计算依赖于模型参数，对数似然关于模型参数的梯度可

以分解为

$$\nabla_\theta \log P(x;\theta) = \nabla_\theta \log P^+(x;\theta) - \nabla_\theta \log z(\theta) \tag{4.9}$$

式（4.9）中等号右边的两项分别对应训练的正相（positive phase）和负相（negative phase）。大部分无向图模型都有计算简单的正相和难以计算的负相，受限玻尔兹曼机的隐含单元在给定可见单元时是条件独立的，属于典型的负相，不容易计算。对负相的进一步分析可以推导出如下的结果：

$$\nabla_\theta \log z(\theta) = \mathop{E}_{x \sim P(x)} \nabla_\theta \log P^+(x) \tag{4.10}$$

式（4.10）是使用各类蒙特卡洛方法近似最大化似然的基础。负相涉及从模型分布中采样，一般认为它代表了模型不正确的信念，类似人类做梦的过程：大脑在清醒时经历的真实事件会按照训练数据分布的梯度更新模型参数，在睡觉时按照模型分布的负梯度最小化配分函数，然后更新模型参数。但在受限玻尔兹曼机的学习中需要交替执行正相和负相的计算才能完成参数更新。

计算受限玻尔兹曼机的配分函数是训练模型的主要难点，体现为计算困难、计算量大。计算配分函数的方法可以分为 3 类。

第一类算法是通过引入中间分布直接估计配分函数的值。中间分布的计算需要使用马尔可夫链蒙特卡洛（Markov Chain Monto Carlo，MCMC）方法或重要性采样方法，代表算法是退火重要性采样（Annealed Importance Sampling，AIS）算法。

AIS 通过引入中间分布缩小模型分布和数据分布之间的距离，从而估计高维空间上多峰分布的配分函数。该方法先定义一个已知配分函数的简单模型，然后估计给定的简单模型和需要估计的模型的配分函数的比值。例如，在权重为 0 的受限玻尔兹曼机和学习到的权重之间插入一组权重不同的受限玻尔兹曼机，此时两者的配分函数的比值为

$$\frac{z_1}{z_0} = \prod_{j=0 \sim n-1} \frac{z_{\mu_{j+1}}}{z_{\mu_j}} \tag{4.11}$$

如果对于任意的 $0 \leqslant j \leqslant n-1$ 都能使分布 P_{u_j} 和 $P_{u_{j+1}}$ 足够接近，则可以用重要性采样估计每个因子的值，然后使用这些值计算配分函数比值的估计值。中间分布一般采用目标分布的加权几何平均：$P_{u_j} \propto P_{1 \sim u_j} P_{0 \sim 1-u_j}$。考虑到重要性权重，最终的配分函数比值为

$$z_1 / z_0 \approx \frac{1}{K} \sum_{k=1,2,\cdots,k} w_k \tag{4.12}$$

其中，w_k 表示第 k 次采样时的重要性权重，w_k 的值可从转移算子乘积得到。

第二类算法是构造新目标函数替代配分函数，以避免直接求解配分函数的过程，主要采用得分匹配（Score Matching，SM）算法。SM 算法精度很高，但缺点是计算量较大。

在 SM 算法中，得分表示对数概率密度关于模型参数的导数。SM 算法用模型分布和数据分布的对数对输入求导后的差的平方代替边缘概率分布作为受限玻尔兹曼机的新目标函数，如下所示：

$$L(x) = \frac{1}{2} \| \nabla_x \log P_g(x) - \nabla_x \log P_r(x) \|_{z}^2 \tag{4.13}$$

SM 算法的思路与下面介绍的对比散度算法类似，但 SM 算法以计算量为代价得到更精

确的数据概率分布估计,过大的计算量使 SM 算法通常只用于单层网络或者深层网络的最下层。

第三类算法是直接估计配分函数关于参数的近似梯度,这种基于马尔可夫链的近似方法主要有对比散度(Contrastive Divergence,CD)算法等。CD 算法是一种计算量很小的算法,计算效率远高于其他两类算法。CD 算法的缺点是精度不高,需要使用 MCMC 等算法精调模型,使用 PCD(Parallel Coordinate Descent,平行坐标下降)算法利用持续马尔可夫链提高 CD 算法的精度,使用 FPCD 算法利用单独的混合机制改善 PCD 的混合过程以提高算法的训练速度和稳定性。

CD 算法在每个步骤用数据分布中抽取的样本初始化马尔可夫链,可以有效减少采样次数,提高计算效率。该算法用估计的模型概率分布与数据分布之间的距离作为度量函数,首先从训练样本中采样,利用 n 步 Gibbs 采样达到平稳分布后再固定概率分布的参数,从该平稳分布中采样,用这些样本计算权重 $w_{i,j}$ 的梯度:

$$\frac{1}{L}\sum_{x \in S}\frac{\partial \ln L\left(\frac{\theta}{x}\right)}{\partial w_{i,j}} = (P_r - P_g) \tag{4.14}$$

其中,$S = \{x_1, x_2, \cdots, x_L\}$ 表示训练集,r 表示数据参数,g 表示模型参数。CD 算法是一种近似算法,有研究者证明了 CD 算法最终会收敛到与极大似然估计不同的点,因此该算法更适合作为一种计算代价低的参数初始化方法。

◆ 4.4 深度置信网络

深度置信网络(Deep Belief Network,DBN)的出现使深度学习再次受到关注,缓解了深度模型很难优化的问题,在 MNIST 数据集上的表现超过当时占统治地位的支持向量机。尽管深度置信网络与后来出现的深度生成式模型相比已没有优势,但它作为深度学习历史中里程碑式的重要模型而得到认可和广泛研究。

4.4.1 深度置信网络模型结构

置信网络一般是有向图模型,深度置信网络由多个受限玻尔兹曼机堆叠而成,其结构如图 4.2 所示。深度置信网络具有多个隐含层,隐含层神经元通常只取 0 和 1,可见层单元取二值或实数。深度置信网络除顶部两层之间是无向边连接外,其余层是有向边连接,箭头指向可见层,因此深度置信网络属于有向概率图模型。

以深度置信网络的前两个隐含层 h^1 和 h^2 为例说明模型结构。此时深度置信网络的联合概率分布定义为

$$(x, h^1, h^2; \theta) = P(x \mid h^1; W^1)P(h^1, h^2; W^2) \tag{4.15}$$

其中,$\theta = \{W^1, W^2\}$ 表示模型参数,$P(x \mid h^1; W^1)$ 表示有向的置信网络。$P(h^1, h^2; W^2)$ 可以用训练受限玻尔兹曼机的方法预训练,因为可见层和第一个隐含层的联合分布与受限玻尔兹曼机的联合概率分布形式相同,如下所示:

$$P(x, h^1; \theta) = \sum_{h^2} P(x, h^1, h^2; \theta) \tag{4.16}$$

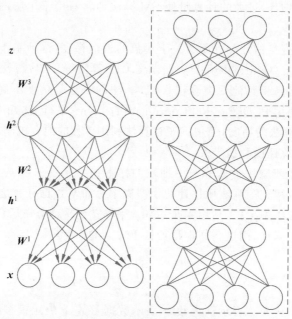

图 4.2　深度置信网络结构

　　因此深度置信网络在训练过程中可以将任意相邻两层看作一个受限玻尔兹曼机。从深度置信网络生成样本时,先在顶部隐含层内运行几次 Gibbs 采样,然后按照条件概率由上至下依次计算各层的值,最后就能得到从深度置信网络生成的样本。

4.4.2　深度置信网络的目标函数

　　到可见层是有向网络,无法直接得到隐含层条件概率,因此假设条件概率的近似分布为 $Q(\boldsymbol{h}^1|\boldsymbol{x})$。利用 Jensen 不等式可以得到深度置信网络的似然函数:

$$
\begin{aligned}
\log P(\boldsymbol{x}) &\geqslant \sum_{\boldsymbol{h}^1} Q(\boldsymbol{h}^1|\boldsymbol{x}) \log \frac{P(\boldsymbol{x},\boldsymbol{h}^1)}{Q(\boldsymbol{h}^1|\boldsymbol{x})} \\
&= \sum_{\boldsymbol{h}^1} Q(\boldsymbol{h}^1|\boldsymbol{x}) \log P(\cdot) + H(Q(\boldsymbol{h}^1|\boldsymbol{x}))
\end{aligned} \tag{4.17}
$$

其中,$\log P(\cdot) = \log P(\boldsymbol{h}^1) + \log P(\boldsymbol{x}|\boldsymbol{h}^1)$;$H(\cdot)$ 表示熵函数。该目标函数本质上是受限玻尔兹曼机目标函数的变分下界。

4.4.3　深度置信网络的训练

　　深度置信网络训练过程如下:

　　(1) 充分训练第一个受限玻尔兹曼机。

　　(2) 固定第一个受限玻尔兹曼机的权重和偏移量,然后使用其隐含层神经元的状态作为第二个受限玻尔兹曼机的输入向量。

　　(3) 充分训练第二个受限玻尔兹曼机后,将第二个受限玻尔兹曼机堆叠在第一个受限玻尔兹曼机的上方。

　　(4) 重复(1)~(3)足够多次。

（5）如果训练集中的数据有标签，那么在顶层的受限玻尔兹曼机训练时，这个受限玻尔兹曼机的可见层中除了可见神经元，还需要有代表分类标签的神经元，两者一起进行训练。

假设顶层受限玻尔兹曼机的可见层有 500 个可见神经元，训练数据分成 10 类，那么顶层受限玻尔兹曼机的可见层有 510 个可见神经元。对每一训练数据，相应的标签神经元被打开（设为 1），而其他的则被关闭（设为 0）。

另外，调优（fine-tuning）过程是一个判别模型，可使用 Contrastive Wake-Sleep 算法进行调优，其算法过程如下：

（1）除了顶层受限玻尔兹曼机，其他层受限玻尔兹曼机的权重被分成向上的认知权重和向下的生成权重。

（2）Wake 阶段可看成一个认知过程，通过外界的特征和认知权重，并且使用梯度下降法修改层间的生成权重产生每一层的抽象表示（节点状态）。

（3）Sleep 阶段可看成一个生成过程，通过顶层表示（Wake 阶段学得的概念）和生成权重生成底层的状态，同时修改层间的认知权重。

（4）受限玻尔兹曼机层权重的使用过程如下：

① 使用随机隐含层神经元状态值，在顶层受限玻尔兹曼机中进行足够多次的 Gibbs 采样。

② 向下传播，得到每层的状态。

◈ 4.5　Seq2Seq 生成模型

Seq2Seq 是一种重要的循环神经网络模型，也称为编码器-解码器（encoder-decoder）模型，可以理解为一种 $N \times M$ 的模型。Seq2Seq 包含两部分：编码器用于编码序列的信息，将任意长度的序列信息编码到上下文向量 c 里；而解码器得到上下文向量 c 之后可以将其解码，并输出为序列。Seq2Seq 的结构有很多种，下面讨论几种常见的结构。

4.5.1　语义向量只作为初始状态参与运算

编码器-解码器结构可以将一种信息编码成数字，再解码生成另一种信息，实现翻译、总结和创作等功能。这种结构通常由两个卷积神经网络组成，分别作为编码器和解码器。

编码器负责将输入序列压缩成指定长度的向量，这个向量就可以看成这个序列的语义，这个过程称为编码。它从输入数据中学习模式和规律。编码器可以是深度神经网络，它将输入数据编码成向量或矩阵形式的数字表示。获取语义向量最简单的方式就是直接将最后一个输入的隐含状态作为语义向量 c，如图 4.3 所示。也可以对最后一个隐含状态进行变换得到语义向量，还可以对输入序列的所有隐含状态进行变换得到语义向量。

解码器负责根据语义向量生成指定的序列，这个过程称为解码，如图 4.4 所示。解码器用于生成新的输出数据。它也可以是深度神经网络，将编码器产生的数字解码成图片、文本、视频等新的内容。

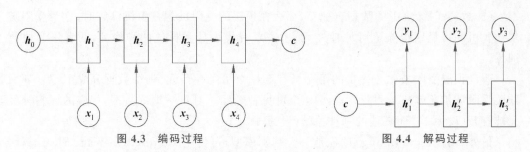

图 4.3 编码过程   图 4.4 解码过程

两个循环神经网络由语义向量 c 相连接,最简单的连接方式是将编码器得到的语义向量作为初始状态输入解码器的循环神经网络中,然后得到输出序列。可以看到,上一时刻的输出作为当前时刻的输入,而且其中语义向量 c 只作为初始状态参与运算,后面的运算都与语义向量 c 无关,如图 4.5 所示。

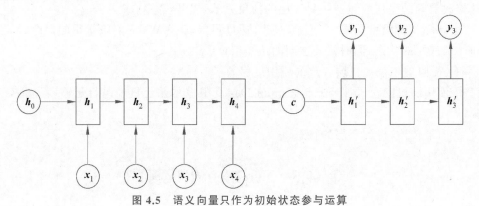

图 4.5 语义向量只作为初始状态参与运算

4.5.2 语义向量参与解码的全过程

如果将语义向量 c 的连接方式变化一下,如图 4.6 所示,即在解码器中,让语义向量 c

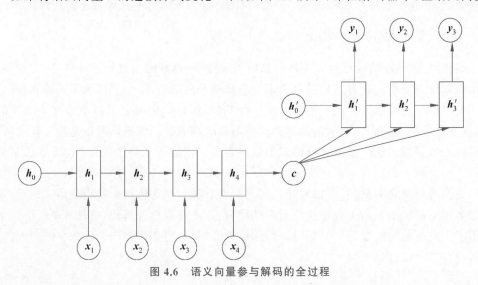

图 4.6 语义向量参与解码的全过程

参与序列所有时刻的运算,上一时刻的输出仍然作为当前时刻的输入,这就形成了人们通常所说的语义相关模型,即 Seq2Seq。

4.5.3　循环神经网络输出层使用激活函数

Seq2Seq 模型是输出的长度不确定时采用的模型。这种情况尤其在机器翻译任务中容易出现,因为将一句中文翻译成英文,这句英文的长度有可能会比中文短,也有可能会比中文长,所以输出的长度不可能确定。

循环神经网络可以学习概率分布,然后进行预测。例如,输入 t 时刻的数据后,预测 $t+1$ 时刻的数据,比较常见的例子是字符预测或者时间序列预测。为了得到分类的概率分布,一般会在循环神经网络的输出层使用激活函数 softmax。例如,在对话生成任务中,使用激活函数即可得到词典中每个单词出现的概率。所以,首先讨论这里使用的激活函数 softmax。

激活函数 softmax 在机器学习和深度学习中有着非常广泛的应用。尤其在处理多分类(分类数大于 2)问题时,分类器最后的输出单元需要利用 softmax 函数进行数值处理。softmax 函数的定义可表示为

$$S_i = \frac{\mathrm{e}^{V_i}}{\sum_{i=1}^{C} \mathrm{e}^{V_i}} \tag{4.18}$$

其中,V 是分类器前级输出单元的输出,i 表示类别索引,总的类别个数为 C,S_i 是当前元素的指数与所有元素指数和的比值。softmax 函数将多分类的输出数值转换为相对概率,更容易理解和比较。看下面的例子。

有一个多分类问题,$C=4$。线性分类器模型的输出层包含了 4 个输出值:

$$\boldsymbol{V} = \begin{bmatrix} -3 \\ 2 \\ -1 \\ 0 \end{bmatrix}$$

经过 softmax 函数处理后,数值转换为相对概率:

$$\boldsymbol{V} = \begin{bmatrix} 0.0057 \\ 0.8390 \\ 0.0418 \\ 0.1135 \end{bmatrix}$$

其和为 1,被称为归一化过程。

很明显,softmax 函数的输出表征了不同类别之间的相对概率。可以清晰地看出,$S_2=0.8390$,对应的概率最大,显然预测为第 2 类的可能性更大,即在对话生成任务中输出词典的第 2 个序号所代表的词。使用 softmax 函数将连续数值转换成相对概率的方法,更有利于理解。

使用循环神经网络,对于某个序列的某个词的词向量输出概率为 $P(x_t | x_1, x_2, \cdots, x_{t-1})$,则 softmax 层每个神经元的输出概率为

$$P(x_t, t \mid x_1, x_2, \cdots, x_{t-1}) = \frac{\exp(w_t h_t)}{\sum\limits_{i=1}^{K} \exp(w_i h_t)} \tag{4.19}$$

其中, h_t 是当前第 t 个词的隐含状态,它与上一个词(第 $t-1$ 个词)的状态 h_{t-1} 及当前输入 x_t 有关,即

$$h_t = f(h_{t-1}, x_t)$$

t 表示词典中的第 t 个词对应的下标, x_t 表示词典中的第 t 个词, w_t 是词的权重参数,那么整个序列的生成概率就为

$$P(x) = \prod_{t=1}^{T} P(x_t \mid x_1, x_2, \cdots, x_{t-1}) \tag{4.20}$$

其表示从第一个词到第 T 个词一次生成这个词序列的概率。

4.5.4 Seq2Seq 模型的训练过程

对于 Seq2Seq 模型,设有输入序列 $x_1, x_2, \cdots, x_T$ 和输出序列 $y_1, y_2, \cdots, y_T$,这两个序列的长度可能不同。需要根据输入序列得到输出序列中可能输出的词的概率。于是有下面的条件概率: $x_1, x_2, \cdots, x_T$ 发生的情况下 $y_1, y_2, \cdots, y_T$ 发生的概率等于 $P(y_t \mid v, y_1, y_2, \cdots, y_{t-1})$ 连乘,如下所示:

$$P(y_1, y_2, \cdots, y_T \mid x_1, x_2, \cdots, x_T)$$
$$= \prod_{t=1}^{T} P(y_t \mid x_1, \cdots, x_{t-1}, y_1, \cdots, y_{t-1}) \tag{4.21}$$
$$= \prod_{t=1}^{T} P(y_t \mid v, y_1, \cdots, y_t - 1)$$

其中, v 表示 $x_1, x_2, \cdots, x_T$ 对应的隐含状态向量(输入中每个词的词向量),它等同于输入序列(模型依次生成 $y_1, y_2, \cdots, y_T$ 的概率)。此时, $h_t = f(h_{t-1}, y_{t-1}, v)$,编码器中的隐含状态与上一时刻状态、上一时刻输出和状态 v 都有关(而卷积神经网络只与当前时刻的输入相关),编码器将上一时刻的输出作为卷积神经网络的输入。于是编码器的某一时刻的概率分布可表示为

$$P(y_t \mid v, y_1, y_2, \cdots, y_{t-1}) = g(h_t, y_{t-1}, v) \tag{4.22}$$

所以,需要在所有训练样本中找到使概率

$$P(y_1, y_2, \cdots, y_T \mid x_1, x_2, \cdots, x_T)$$

之和最大的样本。对应的对数似然条件概率函数为

$$\frac{1}{N} \sum_{n=1}^{N} \log(y_n \mid x_n, \theta) \tag{4.23}$$

使之最大化,其中 θ 是待确定的模型参数。

综上所述,Seq2Seq 生成模型指的是从序列 A 到序列 B 的一种转换,它主要是一个由编码器和一个解码器组成的网络。编码器将输入项转换为包含其特征的隐含向量。解码器反转该过程,将向量转换为输出项,解码器每次都会使用前一个输出作为其输入。

◆ 4.6　变分自编码器

　　生成模型是利用无监督学习获得不同数据分布的有效方式,在过去几年内已经取得了巨大的成功。所有类型的生成模型都旨在学习训练集的真实数据分布,从而可以进一步产生具有一些变化的新数据。但是隐式或者显式地学习数据的确切分布并不总是可行的,所以只能试图获得与真实数据分布尽可能相似的分布模型。为此,可以利用神经网络学习一个能够利用模型分布逼近真实分布的函数。

　　变分自编码器(Variational Auto-Encoder,VAE)是以自编码器结构为基础的深度生成模型。自编码器在降维和特征提取等领域应用广泛。其基本原理是:通过编码过程将样本映射为低维空间的隐含变量,然后通过解码过程将隐含变量还原为重构样本。本节主要介绍变分自编码器的模型结构和基本原理。

4.6.1　变分自编码器模型结构

　　变分自编码器通过编码过程 $P(z|x)$ 将样本映射为隐含变量 z,并假设隐含变量服从多元正态分布,从隐含变量中抽取样本,这种方法可以将似然函数转换为隐含变量分布下的数学期望:

$$P(x) = \int P\left(\frac{x}{z}\right) P(z) \mathrm{d}z$$

由隐含变量产生样本的解码过程就是我们需要的生成模型。编码器和解码器可以采用多种结构,通常使用循环神经网络或卷积神经网络处理序列样本或图片样本。

　　变分自编码器的结构如图 4.7 所示。为了使样本和重构后的样本一一对应,每个样本 x 都必须有其单独对应的后验分布,才能通过生成器将从该后验分布中抽样得到的随机隐含变量还原成对应的重构样本 t,每个批次的 n 组样本将由神经网络拟合出 n 组对应的参数以方便生成器进行样本重构。假设该分布是正态分布,因此变分自编码器中存在两个编码器,分别产生样本在隐含变量空间的均值 $\mu = g_1(x)$ 和方差 $\log\sigma^2 = g_2(x)$。

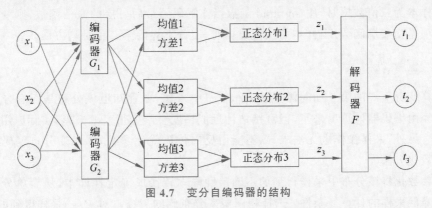

图 4.7　变分自编码器的结构

4.6.2　变分下界的求法

变分自编码器的目标函数是数据分布 $P(x)$ 和重构的样本分布 $P(t)$ 之间距离最小化。一般用 KL 散度衡量这两个分布之间的距离：

$$D_{\mathrm{KL}}(P(x) \| P(t)) = \int \frac{P(x)P(x)}{P(t)} \mathrm{d}x$$

KL 散度的值是非负的，其值越大，两个分布之间的距离越远，当且仅当值为 0 时两个分布相等。但数据分布的未知性使得 KL 散度无法直接计算，因此变分自编码器引入了建议分布 $Q(x)$（近似分布）和近似后验分布 $Q(z|x)$，用极大似然法优化目标函数可得到对数似然函数：

$$\log P(x) = D_{\mathrm{KL}}\left(Q\left(\frac{z}{x}\right) \,\middle\|\, P\left(\frac{z}{x}\right)\right) + L(x)$$

根据 KL 散度非负的性质可得 $\log P(x) \geqslant L(x)$，因而称 $L(x)$ 为似然函数的变分下界。变分下界可以推导得到的最终形式为

$$\begin{aligned}
L(x) &= \mathop{E}_{Q(z|x)} (-\log Q(z/x) + \log P(x,z)) \\
&= \mathop{E}_{Q(z|x)} (-\log Q(z/x) + \log P(z) + \log P(x/z)) \\
&= -D_{\mathrm{KL}}(Q(z/x) \| P(z)) + \mathop{E}_{Q(z/x)} (\log P(x/z))
\end{aligned} \tag{4.24}$$

这里给出的似然函数的变分下界 $L(x)$ 可以分成两项理解：第一项 $D_{\mathrm{KL}}(Q(z|x) \| P(z))$ 是近似后验分布 $Q(z|x)$ 和先验分布 $P(z)$ 的 KL 散度，两个分布均为高斯分布；第二项是生成模型 $P(x|z)$，其中 z 服从 $Q(z|x)$。为了得到第二项的解析解，需要定义生成模型的分布。针对二值样本和实值样本，变分自编码器可采用最简单的正态分布如下：

当生成模型服从于正态分布时，$P(x|z)$ 可以表示成 $N(\mu, \sigma^2 I)$，当方差固定为常数 σ^2 时，$\log P(x|z)$ 可以表示成

$$\log P(x/z) \approx (-1/(2\sigma^2)) \| x - \mu \|^2 \tag{4.25}$$

当样本为二值数据时，用 sigmoid 函数当作解码器最后一层的激活函数，则变分下界的第二项是交叉熵函数；当样本为实值数据时，变分下界的第二项是均方误差。

4.6.3　重参数化

计算变分下界的第二项时需要从 $Q(z|x)$ 中采样，尽管知道该分布是正态分布且其参数已经由编码器计算出来了，但直接估计近似梯度会产生很大的方差，实际应用中是不可行的。另外，采样操作也无法求导，不能用反向传播优化参数，因而变分自编码器提出了重参数化方法。

重参数化将该分布中采样得到的不确定性样本转换成确定性样本，从简单分布中采样可以降低采样的计算复杂性：选择相同概率分布族的 $P(\varepsilon)$，对 $P(\varepsilon)$ 采样得到的样本 ε 进行若干次线性变换就能获得原始分布采样的等价结果。

令 $P(\varepsilon) \sim N(0,1)$，在 $P(\varepsilon)$ 中抽取 L 个样本 ε^i，则 $z^i = \mu + \varepsilon^i \sigma$，这种只涉及线性运算

的重参数化过程可以用蒙特卡洛方法估计,避免了直接采样,此时变分下界第二项的估计式可以写成

$$\underset{Q(z|x)}{E}(\log P(x \mid z)) \approx \sum_{L=1}^{L} F(\mu + \varepsilon^i + \sigma)$$

其中,$\varepsilon \sim N(0,1)$。通常取 $L=1$ 就足够精确,因为每个运行周期采样得到的隐含变量都是随机生成的,当运行周期足够多时可以在一定程度上满足采样的充分性,因此 $L=1$ 就可以达到变分自编码器的训练目标。

变分自编码器的训练流程可以分为 3 个阶段,如图 4.8 所示。

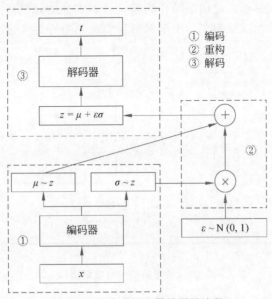

图 4.8　变分自编码器的训练流程

第一个阶段是编码,样本通过两个神经网络分别获得正态分布的均值和方差。

第二个阶段是重参数化,以便从后验分布中采样并能够用反向传播训练模型参数。

第三个阶段是解码,将重参数化后的变量通过生成模型生成新样本。

◆ 4.7　生成对抗网络

生成对抗网络(GAN)是当前机器学习领域最热门的研究方向,在图像生成领域占有绝对优势。生成对抗网络本质上是将难以求解的似然函数转换成神经网络,让模型自己训练出合适的参数拟合似然函数,这个神经网络就是生成对抗网络中的判别器。

生成对抗网络内部对抗的结构可以看成一个训练框架,从原理上说可以训练任意的生成模型,通过两类模型之间的对抗行为优化模型参数,巧妙地避开求解似然函数的过程。这个优势使生成对抗网络具有很强的适用性和可塑性,可以根据不同的需求改变生成器和判别器。尽管模型本身具有很多训练上的难点,但随着各种方法的出现,逐渐解决了这个问题,使生成对抗网络受到很多关注。

生成对抗网络原理简单且容易理解。生成的图像清晰度和分辨率超过其他生成模型。其缺点是训练不稳定,因此人们最关注的是模型的生成效果和训练稳定性两方面。本节首先介绍生成对抗网络的基本原理和训练方法,然后介绍深度卷积生成对抗网络。

4.7.1　生成对抗网络的基本原理

生成对抗网络中的博弈双方是一个生成器和一个判别器,生成器的目标是生成逼真的伪样本让判别器无法判别出真伪,判别器的目标是正确区分数据是真实样本还是来自生成器的伪样本。在博弈的过程中,两个竞争者需要不断优化自身的生成能力和判别能力,而博弈的结果是找到两者之间的纳什均衡。当判别器的识别能力达到一定程度却无法正确判断数据来源时,就获得了一个学习到真实数据分布的生成器。生成对抗网络模型结构如图 4.9 所示。

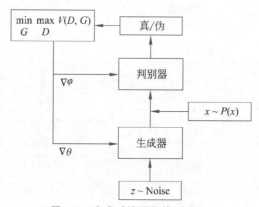

图 4.9　生成对抗网络模型结构

生成对抗网络中的生成器和判别器可以是任意可微函数,通常用多层的神经网络表示。生成器 $G(z;\theta)$ 是输入为随机噪声、输出为伪样本、参数为 θ 的网络,判别器 $D(x;\varphi)$ 是输入为真实样本和伪样本、输出为 0 或 1(分别对应伪样本和真实样本)、参数为 φ 的二分类网络。生成对抗网络根据生成器和判别器不同的损失函数分别优化生成器和判别器的参数,避免了计算似然函数的过程。

4.7.2　生成对抗网络的训练方法

生成对抗网络的训练机制由生成器优化和判别器优化两部分构成,下面分析两者的目标函数和优化过程。

1. 优化判别器

固定生成器 $G(z;\theta)$ 后优化判别器 $D(x;\varphi)$。由于判别器是二分类模型,目标函数选用交叉熵函数,如下所示:

$$\max_{D} V(D) = \mathop{E}_{x \sim P_r} \log D(x) + \mathop{E}_{x \sim P_g} \log[1 - D(x)] \tag{4.26}$$

其中,P_r 是真实样本分布,P_g 表示由生成器产生的样本分布。判别器的目标是正确分辨出所有样本的真伪,该目标函数由两部分组成:

(1) 对于所有的真实样本,判别器应该将其判定为真样本,使输出 $D(x)$ 趋近 1,即最

大化 $\underset{x \sim P_r}{E} \log D(x)$。

（2）对于生成器伪造的所有伪样本，判别器应该将其判定为伪样本，使输出趋近 0，即最大化 $\underset{x \sim P_g}{E} \log(1 - D(x))$。

2. 优化生成器

固定训练好的判别器模型参数，考虑优化生成器模型参数。生成器希望学习到真实样本分布，因此优化目的是生成的样本可以让判别器误判为 1，即最大化 $\underset{x \sim P_g}{E} \log(D(x))$，所有生成器的目标函数为

$$\underset{G}{\min} V(G) \underset{x \sim P_g}{E} \log(1 - D(x))$$

后来又提出了一个改进的目标函数：

$$\underset{G}{\min} V(G) \underset{x \sim P_g}{E} - \log D(x)$$

从该目标函数可以看出，生成器的梯度更新信息来自判别器的结果而不是来自数据样本，相当于用神经网络拟合出数据分布和模型分布之间的距离，从根本上回避了似然函数的难点，这一思想是生成对抗网络模型的优势。

首先固定生成器参数，根据判别器目标函数可得到

$$- P_r(x) \log D(x) - P_g(x) \log[1 - D(x)]$$

令上式对 $D(x)$ 的导数为 0，可以得到判别器最优解的表达式：

$$D^*(x) = \frac{P_r(x)_9 7}{P_r(x) + P_g(x)} \tag{4.27}$$

然后固定最优判别器 D^* 的参数，训练好的生成器就是最优生成器。此时 $P_r(x) = P_g(x)$，判别器认为该样本是真样本还是伪样本的概率均为 0.5，说明此时的生成器可以生成足够逼真的样本。

4.7.3　深度卷积生成对抗网络

深度卷积生成对抗网络（Deep Convolutional GAN，DCGAN）是生成对抗网络的重要改进，在多种结构中筛选出效果最好的一组生成器和判别器，使生成对抗网络训练时的稳定性明显提高，至今仍然是常用的架构。正因为 DCGAN 的出现，让人们不必过多地纠结模型的结构，而是把注意力放在综合性的任务上，使 DCGAN 迅速应用到图像生成、风格迁移和监督任务等多个领域。

DCGAN 的结构如图 4.10 所示。该模型架构最主要的特点是判别器和生成器采用卷积网络和反卷积网络，各层均使用批归一化（batch normalization）。DCGAN 训练速度很快，内存占用量小，是快速实验最常用的结构。其缺点是生成器中的反卷积层存在固有的棋盘效应（checkerboard artifact），具体表现为图像放大之后能看到如象棋棋盘一样的交错纹理，严重影响生成图像的质量，限制了 DCGAN 结构的重构能力。

4.7.4　基于残差网络的结构

生成器中的反卷积层在图像上的映射区域大小有限，使得 DCGAN 难以生成高分辨率的图像样本，而渐进式增长生成对抗网络（Progressive Growing of GAN，PGGAN）等

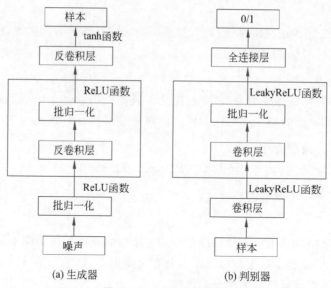

(a) 生成器　　　　　(b) 判别器

图 4.10　DCGAN 的结构

生成能力突出的新一代结构均选用残差网络（Residual Network，ResNet）作为生成器和判别器，其结构如图 4.11 所示。基于残差网络的生成对抗网络（ResNet-GAN）模型的主要特点为：判别器使用了残差结构，生成器用上采样替代反卷积层，判别器和生成器的深度都大幅度增加。

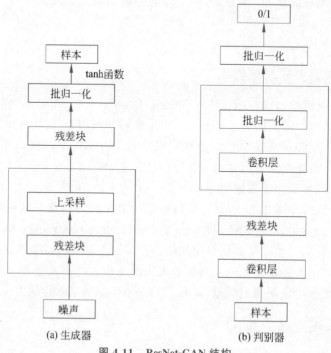

(a) 生成器　　　　　(b) 判别器

图 4.11　ResNet-GAN 结构

　　基于残差结构框架的 BigGAN 是当前图像生成领域效果较好的模型,生成高清样本的逼真程度大幅度领先于其他生成模型。BigGAN 对图像细节处理得很好,能生成非常逼真的 512×512 分辨率的自然场景图像,实现了规模和稳定性的较大提升与平衡。BigGAN 模型的缺陷是需要大量的标注数据才能训练。

　　生成对抗网络模型种类繁多,应用广泛。其中最成功的应用是图像处理和计算机视觉,其中以人体合成和人脸生成的发展尤为迅速。生成对抗网络还可以利用监督学习的方法实现风格转换,根据标签信息生成相应的风格图像样本。相比上述需要多种类标签信息的监督学习模型,应用于无监督学习的人脸生成的生成对抗网络结构更简单,相关研究很多,目前已经可以生成 1024×1024 分辨率的逼真人脸图像。

第5章

数据标注技术

  人工智能是机器产生的智能,在计算机领域是指根据对环境的感知做出合理的行动并获得最大收益的计算机程序。人类在认识一个新事物时,首先要形成对该事物的初步印象。例如,要识别飞机,就需要看到相应的图像或者真实物体。数据标注可视为模仿人类学习过程中的经验学习,相当于人类从书中获取已有知识的认知行为。具体操作时,数据标注把需要计算机识别和分辨的图像事先打上标签,让计算机不断地识别这些图像的特征,最终实现计算机能够自主识别。本章将系统地讨论数据标注过程中涉及的技术与方法。

◆ 5.1 数据标注的定义与分类

  数据标注是大部分人工智能算法得以有效运行的关键环节。人工智能算法是数据驱动型算法,也就是说,如果想实现人工智能,首先需要把人类理解和判断事物的能力教给计算机,让计算机学习到这种识别能力。

  目前,学术界尚未对数据标注的概念形成一个统一的定义。蔡莉等归纳了大部分研究者对数据标注的认识,给出如下定义:需要大量的训练数据创建像人类一样行动的人工智能或机器学习模型,必须训练模型理解特定信息以做出决策并采取行动。标注是对未处理的初级数据(包括图像、语音、文本、视频等)进行加工处理,并转换为机器可识别的信息的过程。原始数据一般通过数据采集获得,随后的数据标注相当于对数据进行加工,然后输送到人工智能算法和模型里完成调用。

  数据标注的过程是通过人工贴标签的方式为机器系统提供学习的样本。数据标注是把需要机器识别和分辨的数据贴上标签,然后让计算机不断地学习这些数据的特征,最终实现计算机能够自主识别。

  数据标注类有 3 种常用的划分方式:

  (1) 根据标注对象进行分类,包括图像标注、语音标注和文本标注等。

  (2) 根据标注的构成形式分为结构化标注、非结构化标注和半结构化标注。

  (3) 根据标注者类型分为人工标注和机器标注。

5.1.1 标注的分类

  下面根据标注对象进行分类,以深入地了解不同类型的数据标注。

1. 图像标注

标注图像对于许多用途至关重要,例如涉及计算机视觉、机器人视觉、面部识别以及其他使用机器学习方法破译图像的解决方案的用途。在为学习系统构建训练数据集时,经常使用图像标注。为了在训练中使用图像,需要为其添加信息,例如 ID、标题或关键字。

图像标注涵盖了视频标注,因为视频是由连续播放的图像组成的。图像标注一般要求标注人员使用不同的颜色对不同的目标标记物进行轮廓识别,然后给相应的轮廓打上标签,用标签概述轮廓内的内容,以便让算法模型能够识别图像中的不同标记物。图像标注常用于人脸识别、自动驾驶车辆识别等应用。

有许多应用程序需要大量带标注的照片,例如自动驾驶车辆使用的计算机视觉系统、选择和分类产品的机器以及自动诊断医疗问题的医疗保健应用程序。标注图像是训练这些算法的绝佳方法,可以提高精度和准确度。

图像上的标签数量可能会根据使用场景而增加。就其最基本的形式而言,图像标注可以分为两类:

一类是关于图像的分类。经过带标注图像训练的机器可以通过将图像与一组标签进行比较快速、准确地识别图像的内容。

另一类是关于物体识别和物体检测。它是图像分类的改进版本,可以准确地描述图像中显示的物体的数量和相对位置。与对完整图像进行分类的图像分类不同,对象识别对单个对象进行命名。例如,图像分类需要为图像整体分配"白天"或"夜晚"标签。当使用对象识别处理图像时,多个对象(例如自行车、树或桌子)将被单独分类。

2. 语音标注

语音标注是通过算法模型识别转录后的文本内容并与对应的音频进行逻辑关联。语音标注的应用场景包括自然语言处理、实时翻译等,语音标注的常用方法是语音转写。

3. 文字标注

数据标注对于自然语言处理任务也至关重要。文本标注是指通过添加标签或元数据来添加有关文本数据的相关信息。多种标注(例如情感、意图)甚至查询,都可以应用于文本。文本标注是指根据一定的标准或准则对文字内容进行诸如分词、语义判断、词性标注、文本翻译、主题事件归纳等注释工作,其应用场景有名片自动识别、证照识别等。目前,常用的文本标注任务有情感标注、实体标注、词性标注及其他文本类标注。

4. 情感标注

情感标注依靠高质量的训练数据准确评估人们的感受、想法和观点。通常要由人工标注者收集这些信息。

5. 意图标注

由于人机接口的日益普及,计算机不仅能够理解人类的语言,而且能够理解人类的潜在意图,包括请求、命令、预订、建议和确认等。

6. 语义标注

语义标注可以改进机器学习系统,以识别异常并对其进行充分分类。

7. 命名实体标注

命名实体识别(Named Entity Recognition,NER)系统的训练数据必须广泛且经过人工标注。NER 的主要目标是识别文本中的特定单词或短语并对其进行分类。可以使用 NER 查找诸如人名、地点等内容,具体取决于一组单词的含义。NER 使信息提取、分类变得更加容易。

8. 音频标注

音频标注不仅需要对语音数据和时间戳进行转录,还需要识别语言特征,例如语种、方言和说话者人口统计数据。

9. 视频标注

视频标注与图像标注类似,因为它需要标注视频片段,以便逐帧检测和识别特定对象。机器学习的一个重要组成部分是人工标注的数据。在处理细微差别、细微含义和歧义方面,计算机无法与人类相比。举例来说,需要几个人的意见才能就搜索引擎结果是否相关达成一致。逐帧视频标注采用与图像标注相同的方法,例如边界框或语义分割。该方法对于定位和对象跟踪这两种常见的计算机视觉任务至关重要。

5.1.2　数据标注的应用场景

人工智能的蓬勃兴起促进了数据标注产业的发展,通过大数据和机器学习全面、准确地识别视频、图像及文字内容,并实时返回业务标签,帮助平台实现视频/图像内容的分类、推荐、管理等精细化运营。例如,从图像大数据中需要识别年龄、性别、人脸个数、人脸遮挡、人脸姿态等,可进行人员识别。这些识别的基础工作都是数据标注。这里对数据标注主要的应用场景进行介绍。

(1)自动驾驶。利用标注数据训练自动驾驶模型,使其能够感知环境并在很少或没有人为控制的情况下移动。自动驾驶中的数据标注涉及行人识别、车辆识别、红绿灯识别、道路识别等内容,可以为相关企业提供精确的训练数据,为智能交通保驾护航。

(2)智能安防。数据标注扩大了现有安防系统的感知范围,通过融合各种来源的数据并进行协同分析,提高监控和报警的准确性。其对应的标注场景有面部识别、人脸探测、视觉搜索、人脸关键信息点提取以及车牌识别等。

(3)智慧医疗。人工智能和大数据分析技术应用于医疗行业,可以深入洞察医学知识和数据,帮助医生和患者解决在医学影像、新药研发、肿瘤与基因、健康管理等领域所面临的影像识别困难、药物研发成本巨大、重症治疗效果不佳等难题。其所涉及的标注场景有手术工具标识、处方识别、医疗影像标注、语音标注等。

(4)工业 4.0。利用标注数据训练和验证机器人应用程序的计算机视觉模型,从而使模型对工业环境内的各类障碍物、机械设备和机器人有更加精确的感知,实现工业智能机器与所处环境中人和物的安全交互。对应的标注场景有机械手臂导航、仓储码垛、自动分拣或抓取、自动焊接等。

(5)新零售。将人工智能和机器学习应用于新零售行业,可以通过商品销售数据以及用户的真实反馈促进电子商务的销售,提升用户的个性化体验以及预测客户需求,并实现线上货物推荐的精准化。新零售中涉及的标注场景包括超市货架识别、无人超市系统和电子商务智能搜索与推荐等。

（6）智慧农业。依托精准的数据标注实现对农作物的定位以及对其成熟度和生长状态的识别，实现农作物智能采摘并解决精准农药喷洒问题，从而减少人力消耗并提高农药利用率。目前，智慧农业中有关数据标注的场景有栽培管理、精准水肥和安全监测等。

5.1.3　数据标注的任务

常见的数据标注任务包括分类标注、拉框标注、区域标注、描点标注等。

1. 分类标注

分类标注是从给定的标签集中选择合适的标签分配给被标注的对象。通常，一个图像可以有很多分类/标签，如运动、读书、购物、旅行等。对于文字，又可以标注出主语、谓语、宾语、名词和动词等。此项任务适用于文本、图像、语音、视频等不同的标注对象。以图像的分类标注为例，标注者需要对图像中的不同对象加以区分和识别。Adobe Stock是 Adobe 公司的一个旗舰产品，它是精选的高质量图库。该图库规模惊人：拥有超过 2亿项的资产（包括超过 1500 万个视频、3500 万个向量、1200 万个媒体资产、1.4 亿张照片、插图、模板和 3D 资源）。每一项资产都需要尽可能被推送到客户面前。使用数据标注方法，提供精确的训练数据创建模型，这些训练数据帮助 Adobe 公司为其庞大的客户群提供最有价值的、最符合需求的图像。用户无须通过浏览筛选图像，用户想要的图像会主动推送到用户面前。

2. 拉框标注

拉框标注就是从图像中选出要检测的对象，此方法仅适用于图像标注。拉框标注可细分为多边形拉框和四边形拉框两种形式。多边形拉框是将被标注元素的轮廓以多边形的方式勾勒出来。

不同的被标注元素有不同的轮廓，除了同样需要添加单级或多级标签以外，多边形标注还有可能会涉及物体遮挡的逻辑关系，从而实现细线条的种类识别。四边形拉框主要是用特定软件对图像中需要处理的元素（例如人、车、动物等）进行一个拉框处理，同时，用一个或多个独立的标签代表一个或多个需要处理的元素。图 5.1 为道路施工中的交管人工智能辅助摄像头所摄图像，对图像中的车辆进行了四边形拉框标注，生成供人工智能系

图 5.1　多边形拉框示例

统使用的训练数据。

3. 区域标注

与拉框标注相比,区域标注的要求更加精确,而且边缘可以是柔性的,并仅限于图像标注。其主要的应用场景包括自动驾驶中的道路识别和地图识别。在地图识别中,区域标注的任务是在地图上用曲线将城市中不同行政区域的轮廓勾勒出来,并用不同的颜色加以区分。

4. 描点标注

描点标注是指将需要标注的元素(例如人脸、肢体)按照满足需求的位置进行点位标识,从而实现特定部位关键点的识别。例如,图5.2采用描点标注的方法对人脸进行了描点标识。

图5.2 描点标注示例

5. 其他标注

数据标注的任务除了上述4种以外,还有很多个性化的标注任务。例如,自动摘要是从新闻事件或者文章中提取出最关键的信息,然后用更加精练的语言写成摘要。自动摘要与分类标注类似,但两者存在一定差异。常见的分类标注有比较明确的界定,例如在对给定图像中的人物、风景和物体进行分类标注时,一般不会产生歧义;而进行自动摘要时需要先对文章的主要观点进行标注,相对于分类标注来说,在标注的客观性和准确性上都没有那么严格,所以自动摘要不属于分类标注。

◆ 5.2 数据标注的流程及工具

5.2.1 标注流程

以众包模式下的数据标注为例,蔡莉等提出了一个完整的数据标注流程。首先从标注数据的采集开始,采集的对象包括视频、图像、音频和文本等多种类型和多种格式的数据。由于采集到的数据可能存在缺失值、噪声数据、重复数据等质量问题,故首先需要执行数据清洗任务,以便获得高质量的数据,然后对清洗后的数据进行标注,这是数据标注流程中最重要的一个环节。在具体流程中,管理员会根据不同的标注需求将待标注的数据划分为不同的标注任务。每个标注任务有不同的规范和标注点要求,并且一个标注任务会分配给多个标注员完成。标注员完成标注工作后,将相关数据交给模型训练人员,后者利用这些标注好的数据训练出需要的算法模型。标注数据的质量主要由审核员检验；审核员进行模型测试，并将测试结果反馈给模型训练人员；而模型训练人员不断地调整参数，以便获得性能更好的算法模型。如果经过参数调整后不能得到最优的算法模型，则说明已标注的数据不满足需求。这时，审核员就会向标注员反馈数据问题，标注员则需要重新标注数据。最后，审核员将最优模型指标发送给产品评估人员使用，并进行上线前的最后评估。

5.2.2　标注内容

无论是开源的标注工具还是商用的数据标注平台，都至少要包含以下内容：

（1）进度条。用于指示数据标注的进度，一方面方便标注人员查看进度，另一方面也利于统计。

（2）标注主体。指需要标注的对象，可以根据标注形式进行设计。标注形式一般可以分为单个标注（指对一个对象进行标注）和多个标注（指对多个对象进行标注）两种。

（3）数据导入、导出功能。

（4）收藏功能。针对模棱两可的数据，可以减少工作量并提高工作效率。

（5）质检机制。通过随机分发部分已标注的数据，检测标注工作的可靠性。

数据的高质量体现在两方面：一是标注的数量多，二是标注的质量高。

（1）图像标注的质量取决于像素点的判定准确性。标注像素点越接近被标注物的边缘像素，标注的质量就越高，标注的难度也越大。如果图像标注要求的准确率为100%，标注像素点与被标注物的边缘像素点的误差应该在一像素以内。

（2）语音标注时，语音数据发音的时间轴与标注区域的音标需保持同步。标注于发音时间轴的误差要控制在一个语音帧以内。若误差大于一个语音帧，很容易标注到下一个发音，造成噪声数据。

（3）文本标注涉及的任务较多，不同任务的质量标准不同。例如，分词标注的质量标准是标注好的分词与词典的词语一致，不存在歧义。

（4）情感标注的质量标准是对标注句子的情感分类级别正确。

5.2.3　标注工具

通常，商用的数据标注工具一般由众包平台提供。数据标注众包平台最早出现在美国，除了亚马逊公司的 Mechanical Turk 平台外，还有 Figure-eight、CrowdFlower、Mighty AI 等初创型标注平台。近年来，国内的一些互联网公司、大数据公司和人工智能公司也纷纷推出了自己的数据标注众包平台和商用标注工具，如数据堂、百度众测、阿里众包、京东微工等。这些商业的数据标注平台基本上都能对图像、视频、文本和语音等数据进行标注，但业务方向各有侧重，有的以处理图像见长，有的则更长于视频标注。

在选择数据标注工具时，需要考虑标注对象（如图像、视频、文本等）、标注需求（如画框、描点、分类等）和不同的数据集格式（例如 COCO、Pascal VOC、JSON 等）。常用的开源数据标注工具见表5.1。

表 5.1　常用的开源数据标注工具

名　　称	简　　介	运 行 平 台	标 注 形 式
LabelImg	图像标注工具	Windows、Linux、macOS	矩形框
LabelMe	图形界面的标注工具,能够标注图像和视频	Windows、Linux、macOS	多边形、矩形、圆形、多段线、线段、点
RectLabel	图像标注	macOS	多边形、矩形、多段线、线段、点
VOTT	基于 Web 方式本地部署的标注工具,能够标注图像和视频	Windows、Linux、macOS	多边形、矩形、点
LabelBox	适用于大型项目的标注工具,基于 Web,能够标注图像、视频和文本		多边形、矩形、线、点、嵌套分类
VIA	VGG 的图像标注工具,也支持视频和音频标注		矩形、圆、椭圆、多边形、点和线
COCO UI	用于标注 COCO 数据集的工具,基于 Web 方式		矩形、多边形、点和线
Vatic	有目标跟踪能力的视频标注工具,适合目标检测任务	Linux	
BRAT	基于 Web 的文本标注工具,主要用于对文本的结构化标注	Linux	
DeepDive	非结构化文本标注工具	Linux	
Praat	语音标注工具	Windows、UNIX、Linux、macOS	
精灵标注助手	多功能标注工具	Windows、Linux、macOS	矩形、多边形和曲线

表 5.1 中的数据标注工具除了 COCO UI 和 LabelMe 工具在使用时需要 MIT 许可外,其他工具均为开源使用。大部分开源工具可以运行在 Windows、Linux、macOS 系统上,仅有个别工具是针对特定操作系统开发的,而且这些开源工具大多只针对特定对象进行标注,只有少部分工具(如精灵标注助手)能够同时标注图像、视频和文本。

◆ 5.3　数据标注实例——情感分析

5.3.1　情感分析概述

随着电子商务、社交网络和移动互联网的蓬勃发展,互联网上出现了大量带有情感色彩的文本数据。针对文本数据的情感分析,能够帮助政府及企业更好地理解用户的观点,并及时解决出现的各类问题。因此,情感分析广泛应用在舆情管控、商业决策、观点搜索、信息预测和情绪管理等场景。词语、句子和文章是文本情感分析的 3 个级别:词语级别的情感分析用来确定词语的情感倾向方向和强度;句子级别的情感分析先对句子进行命名实体识别和句法分析,再采用基于词典和机器学习的方法对句子进行情感分析;文章级别的情感分析则是分析文章段落的情感倾向方向。情感倾向是主体对某一客体主观存在的内在评价的一种倾向。它由情感倾向方向和情感倾向度衡量。情感倾向方向也称为情感极性。在情绪文本中,情感倾向方向是用户对客体表达的观点和态度,即支持(正面情感)、反对(负面情感)、中立(中性情感);情感倾向度是指主体对客体表达正面情感或负面情感时的强弱程度,不同的情感程度往往通过不同的情感词或情感语气等体现。在情感倾向分析研究中,通过对每个情感词赋予不同的权值区分情感倾向度。

5.3.2 情感分析中的数据标注

情绪文本的分析和挖掘涉及文本数据标注中的多项任务,下面对这些任务进行阐述。

1. 中文分词

中文分词是将一个汉字序列切分为一个个单独的词,这是汉语文本处理的基础。例如,要判断下面的句子的情感:

今天是国庆节,可是我们还要加班。

首先要将其切分为一个个词。如果采用自动分词,其结果为

今天/是/国庆节/,/可是/我们/还/要/加班/。

如果采用基于字标注的分词方法,则其结果为

今/B 天/E 是/S 国/B 庆/M 节/E,/S 可/B 是/E 我/B 们/E 还/S 要/S 加/B 班/E。/S

其中,B 表示词首,M 表示词中,E 表示词尾,S 代表单独成词,它们形成了 4 个构词位置。

2. 词性标注

词性标注是将词划分为对应的语法分类,以表达这个词在上下文中的作用。词性主要有名词、动词、形容词、量词、代词、副词、连词、助词等。

3. 情感标注

上面的句子中并没有明确表示情绪的词,不过联系上下文可知,句子表达的情绪是"低落"。为了判断句子所表达的情绪,可以使用一些中文情感极性词典进行分析,例如来源于知网的情感极性字典。但是如果只依靠中文情感极性词典,计算机就很难准确判断句子所反映的真实情绪。因此,事先要采用人工标注的方法对一些带有情绪的语句进行情感标注。通常,人类的基本情绪可以划分为 6 种,即快乐、愤怒、悲伤、恐惧、惊讶和嫉妒。为了正确识别情绪,每一类情绪都要有对应的标注数据,然后利用这些带情绪标注的数据集训练情绪分类模型。情绪分类算法可以采用 KNN、支持向量机、深度置信网络和长短时记忆网络等实现。一旦情绪分类模型训练成功,就能准确地识别句子所表达的情绪。

数据标注工具需要从只支持人工标注逐渐转换为人工标注+人工智能辅助标注的方法。其基本思路为:基于以往的标注,可以通过人工智能模型对数据进行预处理,然后由标注人员在此基础上做一些校正。以图像标注为例,标注工具首先通过预训练的语义分割模型处理图像,并生成多个图像片段、分类标签及其置信度分数。置信度分数最高的片段用于对标签的初始化,呈现给标注者。标注者可以从机器生成的多个候选标签中为当前片段选择合适的标签,或者对机器未覆盖的对象添加分割段。人工智能辅助标注技术的应用能够极大地降低人力成本并使标注速度大幅提升。目前,已经有一些数据标注公

司开发了相应的半自动化工具,但是从标注比例来看,机器标注占 30％左右,而人工标注占 70％左右。因此,数据标注工具的发展趋势是开发以人工标注为主、以机器标注为辅的半自动化标注工具,同时减小人工标注的比例,并逐步提高机器标注的比例。

人工智能数据标注的终极目标是让人工智能自主学习、自主标记,而不依赖于人类对人工智能的标注与训练。斯坦福大学通过一种编程方式生成训练数据的弱监督范式,并开发了基于弱监督编程范式 Snorkel 的开源框架。将其应用于多任务学习(Multi-Task Learning,MTL)场景,解决了为一个或多个相关任务提供噪声标签的问题。

未来,期待人工智能能够反向作用于数据标注产业,使得人工标注逐渐转变为自动化标注。

第6章

注意力机制

在神经网络结构中,如何在不过度增加模型复杂度(模型参数)的情况下尽量提高模型的表达能力是一大难题。以阅读理解任务为例,如果文章很长,循环神经网络的长程依赖以及有限的容量会导致信息丢失的问题,很难判断哪些信息有用,哪些信息无用,从而无法正确回答问题。为了有效地处理神经网络容量有限的问题,研究者提出了注意力机制,即通过自上而下的信息选择机制过滤无关的信息。

视觉注意力机制是人类视觉所特有的大脑信号处理机制。人类视觉通过快速扫描全局图像,获得需要重点关注的目标区域,也就是一般所说的注意力焦点,而后对这一区域投入更多注意力资源,以获取关注目标的更多细节信息,而抑制其他无用信息。这是人类利用有限的注意力资源从大量信息中快速筛选高价值信息的手段,是人类在长期进化中形成的一种生存机制,极大地提高了视觉信息处理的效率与准确性。

深度学习中的注意力机制最早出现在计算机视觉相关任务中。它从本质上讲和人类的选择性视觉注意力机制类似,核心目标也是从众多信息中选择出对当前任务目标更关键的信息。在讨论注意力机制的原理及关键计算机制之前,首先简要介绍注意力机制的发展历程。

1998年,注意力机制这一概念首次在文章 *A Model of Saliency-Based Visual Attention* 中提出。2014年,有研究者将循环神经网络与注意力机制相结合,设计出 RAM 模型,并发展成空间注意力(spatial attention)机制。其后有研究者提出了一种基于空间注意力机制的 STN 模型。2017年,有研究者提出了 Transformer 模型和自注意力(self-attention)机制。同年,有研究者提出了一种基于通道注意力(channel attention)机制的 SENet 模型。2018年 CBAM 的提出将通道注意力机制与空间注意力机制结合,产生一种混合注意力机制,并通过轻量级模块无缝集成到任何卷积神经网络架构中,且相比于通道注意力机制可以取得更好的效果。

2020年至今,各种基于 Transformer 的模型爆发式出现,如 VIT、DeiT、SwinT 等。接下来以机器翻译为例,阐述深度学习中注意力机制的原理及关键计算机制。

◇ 6.1 注意力模型

为了叙述方便,首先介绍引入注意力的编码器-解码器框架,因为目前大多数注意力模型依附于编码器-解码器框架。当然,注意力模型也可以看作一种通用的思想,本身并不依赖于特定框架。

6.1.1 引入注意力的编码器-解码器框架

在第 5 章讨论过,编码器-解码器框架可以看作一种深度学习领域的研究模式。抽象的文本处理领域里常用的编码器-解码器框架如图 6.1 所示,可以将其直观地理解为适合处理由一个句子(或篇章)生成另一个句子(或篇章)的通用处理模型。对于句子对$<S,T>$,目标是给定输入句子 S,期待通过编码器-解码器框架生成目标句子 T。

图 6.1　抽象的文本处理领域里常用的编码器-解码器框架

S 和 T 可以是同一种语言,也可以是两种语言。而 S 和 T 分别由各自的词序列构成:

$$S = (x_1, x_2, \cdots, x_m)$$
$$T = (y_1, y_2, \cdots, y_n)$$

编码器用于对输入句子 S 进行编码,将输入句子通过非线性变换转换为中间语义表示 C:

$$C = F(x_1, x_2, \cdots, x_m)$$

对于解码器来说,其任务是根据句子 S 的中间语义表示 C(在图 6.1 中处于瓶颈位置)和前面已经生成的历史信息 $y_1, y_2, \cdots, y_{i-1}$ 生成 i 时刻要生成的单词 y_i:

$$y_i = \mathcal{G}(C, y_1, y_2, \cdots, y_{i-1})$$

每个 y_i 都依次产生,看起来就是整个系统根据输入句子 S 生成了目标句子 T。如果 S 是中文句子,T 是英文句子,那么这就是解决机器翻译问题的编码器-解码器框架;如果 S 是一篇文章,T 是概括性的几句描述语句,那么这就是文本摘要的编码器-解码器框架;如果 S 是一个问句,T 是一个回答句,那么这就是问答系统或者对话机器人的编码器-解码器框架。

编码器-解码器框架不仅在文本领域广泛使用,在语音识别、图像处理等领域也经常使用。例如,对于语音识别来说,图 6.1 所示的框架完全适用,区别无非是编码器部分的输入是语音流,输出是对应的文本信息;而对于图像描述任务来说,编码器部分的输入是一个图像,解码器的输出是能够描述图像语义内容的一句描述语。一般而言,文本处理和语音识别的编码器部分通常采用循环神经网络模型,图像处理的编码器一般采用卷积神经网络模型。

6.1.2 注意力的基本原理

本节以机器翻译为例说明注意力的基本原理,并脱离编码器-解码器框架抽象出注意力机制的本质思想,然后简要介绍广为使用的自注意力的基本思路。

图 6.1 中的编码器-解码器框架引入了注意力模型,但并没有清晰展示出模型的特征。将该框架视为一个注意力不集中的"分心"模型,并观察目标句子 T 中每个词的生成过程,从中发现"分心"模型注意力不集中的特点。

$$y_1 = f(C)$$
$$y_2 = f(C, y_1)$$
$$y_3 = f(C, y_1, y_2)$$

其中,f 是解码器的非线性变换函数。在这里可以观察到,在生成目标句子 T 的词时,不论生成哪个词,它们使用的输入句子 S 的语义编码 C 都是相同的。语义编码 C 是由句子 S 的每个词经过编码器编码生成的,这意味着句子 S 中的任意一个词对于生成目标词 y_i 的影响都是一致的,这也解释了为什么图 6.1 中的编码器-解码器模型未充分体现出注意力的特性。这种情况类似于人类在观察眼前的画面时没有清晰的关注焦点,而是受到整个画面的吸引。将图 6.1 所示的框架改成图 6.2 所示的框架,这就表明非线性变换函数 f 中使用的语义编码 C_i 都是不相同的。把图 6.2 所示的框架称为引入注意力模型的编码器-解码器框架。

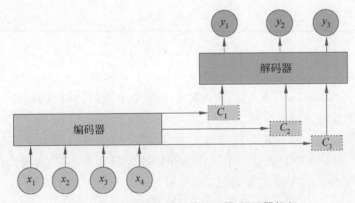

图 6.2 引入注意力模型的编码器-解码器框架

考虑输入英文句子"Tom Chase Jerry"的情况,在编码器-解码器框架下,模型逐步生成中文词"汤姆""追逐""杰瑞"。这个例子清晰地展示了该框架的生成过程。在生成中文词"杰瑞"的过程中,"分心"模型计算得出每个英文词对于目标词"杰瑞"的贡献是相同的,然而这并不合理。"Jerry"对翻译成"杰瑞"的结果相比于其他英文词更重要。此外,当输入句子较长时,所有语义都被压缩到一个中间语义向量中,这可能导致词自身的信息丧失,从而丢失许多细节信息。因此,引入注意力模型解决这些问题显得尤为重要。

在上述例子中,引入注意力机制后,能明确反映某一英文词对于正确表达当前中文词的重要程度。这可以通过提供一个类似下面的概率分布值实现:

$$(Tom, 0.3)(Chase, 0.2)(Jerry, 0.5)$$

每个英文词的概率代表了翻译当前单词"杰瑞"时,注意力模型对不同英文词的关注程度。由于引入新的信息,这对于正确翻译目标句子 T 的词非常有帮助。同样,目标句子中的每个词都应该学会它与输入句子中的对应词之间的注意力分布概率信息。这意味着在生成每个词时,原本静态的中间语义表示 C 会根据当前生成的词而不断变化。理解的关键点在于从原本的固定中间语义表示 C 切换到了一个会随着当前输出词而调整的基于注意力的模型。

生成目标句子的过程变成了下面的形式:

$$y_1 = f_1(C_1)$$
$$y_2 = f_1(C_2, y_1)$$
$$y_3 = f_1(C_3, y_1, y_2)$$

而每个 C_i 可能对应着不同的输入句子中的词的注意力分布概率。例如,对于上面的英汉翻译来说,其对应的信息可能如下:

$$C_{汤姆} = g(0.6 \times f_2("Tom"), 0.2 \times f_2(Chase), 0.2 \times f_2("Jerry"))$$
$$C_{追逐} = g(0.2 \times f_2("Tom"), 0.7 \times f_2(Chase), 0.1 \times f_2("Jerry"))$$
$$C_{杰瑞} = g(0.3 \times f_2("Tom"), 0.2 \times f_2(Chase), 0.5 \times f_2("Jerry"))$$

其中,f_2 函数代表编码器对输入英文词的某种变换函数。例如,如果编码器使用循环神经网络模型,这个 f_2 函数的结果往往是某个时刻输入 x_i 后隐含层节点的状态值;g 代表编码器根据词的中间表示合成整个句子中间语义表示的变换函数,在一般的做法中,g 函数就是对构成元素加权求和,即

$$C_i = \sum_{j=1}^{L_x} a_{ij} h_j$$

其中,L_x 代表输入句子 S 的长度,a_{ij} 代表在目标句子 T 输出第 i 个词时输入句子 S 中第 j 个词的注意力分配系数,而 h_j 则是输入句子 S 中第 j 个词的语义编码。假设 C_i 下标 i 就是上面例子所说的"汤姆",那么 L_x 就是 3,$h_1 = f("Tom")$,$h_2 = f("Chase")$,$h_3 = f("Jerry")$ 分别是输入句子每个词的语义编码,对应的注意力模型权值则分别是 0.6、0.2、0.2,所以 g 函数本质上就是一个加权求和函数。翻译中文词"汤姆"时,数学公式对应的中间语义表示 C_i 的形成过程如图 6.3 所示。

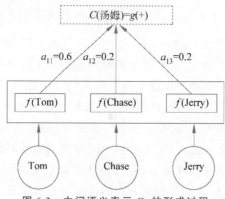

图 6.3　中间语义表示 C_i 的形成过程

这种从大量输入信息中选择小部分有用信息进行重点处理并忽略其他信息的能力就叫作注意力。

这里的一个问题是如何确定对应的输入句子 S 中各个词的注意力概率分布值。例如确定图 6.3 中 $a_{11}=0.6$，$a_{12}=0.2$，$a_{13}=0.2$。

为了便于说明，假设对图 6.1 的"分心"模型的编码器-解码器框架进行细化，编码器采用循环神经网络模型，解码器也采用循环神经网络模型，这是比较常见的一种模型配置，如图 6.4 所示。

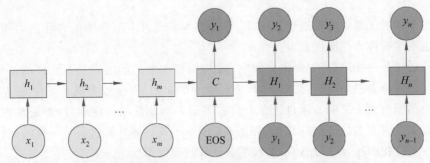

图 6.4 循环神经网络作为具体模型的编码器-解码器框架

对于图 6.4 所示的框架，可用图 6.5 说明注意力概率分布的计算过程。

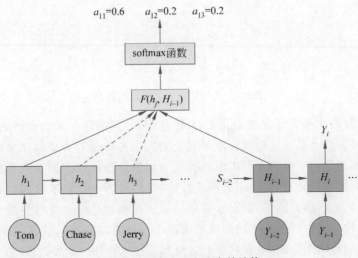

图 6.5 注意力概率分布的计算

对于采用循环神经网络的解码器来说，假设在时刻 i 要生成 y_i，则隐含层节点中已存储了 $i-1$ 时刻的输出值 H_{i-1}。现在，我们的目的是要计算 y_i 生成时输入句子中的词 Tom、Chase、Jerry 的注意力分布概率。

使用目标句子 T 在 $i-1$ 时刻的隐含层节点状态 H_{i-1} 和输入句子 S 中每个词对应的循环神经网络隐含层节点状态 h_j 进行对比，即通过函数 $F(h_j,H_{i-1})$ 获得目标词 y_i 和每个输入词对应的对齐可能性，这个 F 函数可采取不同的方法定义。然后 F 函数的输出经过 softmax 函数进行归一化后，就获得了注意力分布概率。

绝大多数注意力模型都采取上述计算框架计算注意力分布概率,区别只是 F 的定义可能有所不同。

目标句子 T 生成的每个词对应的输入词的分布概率可以理解为输入词和目标词的对齐概率,这在机器翻译语境下是非常直观的:传统的统计机器翻译一般在执行的过程中会专门有一个短语对齐的步骤,而注意力模型其实起的正是相同的作用。

◆ 6.2 自注意力机制

通过上述对注意力本质思想的梳理,可以更容易理解本节介绍的自注意力机制。自注意力也通常被称为内部注意力。

在一般任务的编码器-解码器框架中,输入 S 和输出 T 的内容是不一样的。例如,对于英中机器翻译来说,S 是英文句子,T 是对应的中文句子,注意力机制发生在 T 中的元素和 S 中的所有元素之间。而自注意力指的不是 T 和 S 之间的注意力,而是 S 内部元素之间或者 T 内部元素之间的注意力,如图 6.6 所示。其具体计算过程是一样的,只是计算对象发生了变化而已,所以此处不再说明其计算过程细节。

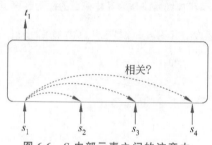

图 6.6 S 内部元素之间的注意力

如果是常规的 T 不等于 S 情形下的注意力计算,其物理含义如上所述。例如,对于机器翻译来说,本质上是目标语词和源语词之间的一种单词对齐机制。而引入自注意力机制后,更容易捕获句子中的远距离依赖特征。如果是循环神经网络或者长短时记忆网络,需要依序列次序计算,对于远距离依赖特征,要经过若干计算步骤的信息累积才能将两者联系起来,因此,距离越远,对有效信息的捕获可能性越小。而自注意力机制在计算过程中会直接将句子中任意两个词的联系通过一个计算步骤直接联系起来,所以远距离依赖特征之间的距离大为缩短,有利于有效地利用这些特征。此外,自注意力机制对于增强计算的并行性也有直接作用。

6.2.1 单输出

对于每一个输入向量 S,经过自注意力机制之后都输出一个向量 T,向量 T 是考虑了所有的输入向量对 T 产生的影响才得到的,这里有 4 个词向量 $s_1 \sim s_4$,对应就会输出 4 个向量 $t_1 \sim t_4$。

下面以 t_1 的输出为例。首先,计算向量序列中各向量与 s_1 的关联程度,使用点积方法,即两个向量乘以不同的矩阵 W,得到 q 和 k,再通过求两者的点积得到 α,如图 6.7 所示。在 Transformer 中就用到了点积方法。

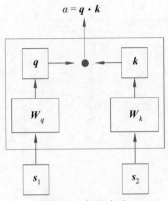

$$\alpha = \boldsymbol{q} \cdot \boldsymbol{k}$$

图 6.7　点积方法

在图 6.7 中，$\boldsymbol{s}_1$ 和 $\boldsymbol{s}_2$ 为输入向量，$\boldsymbol{W}_q$ 和 $\boldsymbol{W}_k$ 为权重矩阵，需要通过学习更新。$\boldsymbol{s}_1$ 和 $\boldsymbol{W}_q$ 相乘，得到向量 $\boldsymbol{q}$。然后 $\boldsymbol{s}_2$ 和 $\boldsymbol{W}_k$ 相乘，得到向量 $\boldsymbol{k}$。最后 $\boldsymbol{q}$ 和 $\boldsymbol{k}$ 做点积，得到 α，如图 6.8 所示，用来表示两个向量之间的关联程度。可以计算每一个 α：

$$\alpha_{1,2} = \boldsymbol{q}_1 \cdot \boldsymbol{k}_2$$

$$\alpha_{1,3} = \boldsymbol{q}_1 \cdot \boldsymbol{k}_3$$

$$\alpha_{1,4} = \boldsymbol{q}_1 \cdot \boldsymbol{k}_4$$

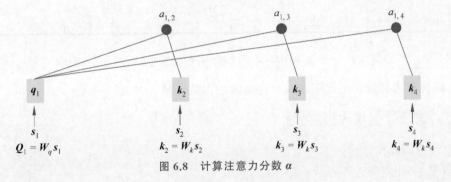

图 6.8　计算注意力分数 α

另外，也可以计算 $\boldsymbol{s}_1$ 和自己的关联性，在得到各向量与 $\boldsymbol{s}_1$ 的相关程度之后，用 softmax 函数计算注意力分布的归一化值：

$$\alpha'_{1,i} = \exp(\alpha_{1,i}) \Big/ \sum_j \exp(\alpha_{1,j})$$

这样就把关联程度归一化了，通过数值就可以看出哪些向量和 $\boldsymbol{s}_1$ 最有关联，如图 6.9 所示。

下面需要根据 α' 抽取语句序列里重要的信息，如图 6.10 所示。

先求 $\boldsymbol{v}$。$\boldsymbol{v}$ 和 $\boldsymbol{q}$、$\boldsymbol{k}$ 的计算方法相同，也是用输入 $\boldsymbol{s}$ 乘以权重矩阵 $\boldsymbol{W}$，得到 $\boldsymbol{v}$ 后，与对应的 α' 相乘，每一个 $\boldsymbol{v}$ 乘以 α' 后求和，得到输出 $\boldsymbol{t}_1$。其中：

$$t_1 = \sum_i \alpha'_{1,i} \boldsymbol{v}_i$$

如果 $\boldsymbol{s}_1$ 和 $\boldsymbol{s}_2$ 关联性比较高，$\alpha'_{1,1}$ 和 $\alpha'_{1,2}$ 就比较大，那么，得到的输出 $\boldsymbol{t}_1$ 就可能比较接

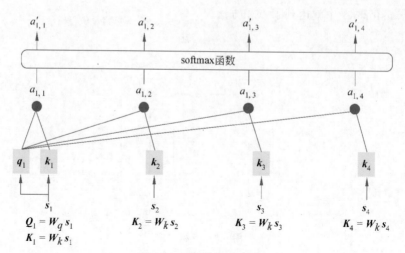

图 6.9　计算注意力分布

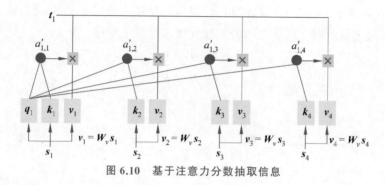

图 6.10　基于注意力分数抽取信息

近 v_2，即注意力分数 α 决定了该向量在结果中占的分量。

6.2.2　自注意力操作过程

自注意力操作过程如下。

步骤 1：用矩阵运算表示 t_1 的生成。

q、k、v 矩阵形式的生成为

$$q_i = W_q \cdot s_i$$
$$k_i = W_k \cdot s_i$$
$$v_i = W_v \cdot s_i$$

将其写成矩阵形式：

$$Q = W_q \cdot I$$
$$K = W_k \cdot I$$
$$V = W_v \cdot I$$

把 4 个输入 s 拼成一个矩阵 I，这个矩阵有 4 列，也就是 $s_1 \sim s_4$，乘以相应的权重矩阵 W，得到相应的矩阵 Q、K、V，分别表示查询、键和值，如图 6.11 所示。

步骤 2：学习参数。

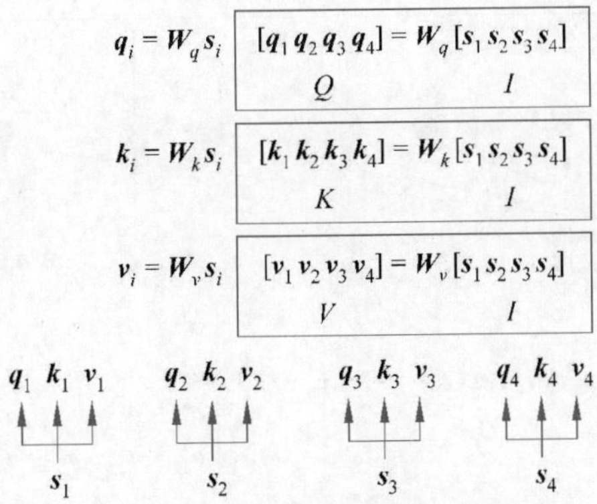

$q_i = W_q s_i$
$[q_1 q_2 q_3 q_4] = W_q [s_1 s_2 s_3 s_4]$
Q　I
$k_i = W_k s_i$
$[k_1 k_2 k_3 k_4] = W_k [s_1 s_2 s_3 s_4]$
K　I
$v_i = W_v s_i$
$[v_1 v_2 v_3 v_4] = W_v [s_1 s_2 s_3 s_4]$
V　I
q_1 k_1 v_1　q_2 k_2 v_2　q_3 k_3 v_3　q_4 k_4 v_4
s_1　s_2　s_3　s_4

图 6.11　q、k、v 的矩阵形式

利用得到的 $\boldsymbol{Q}$ 和 $\boldsymbol{K}$ 计算每两个输入向量之间的相关性，也就是计算 α。α 的计算方法有多种，通常采用点乘的方法。

先针对 $\boldsymbol{q}_1$，通过与 $\boldsymbol{k}_1 \sim \boldsymbol{k}_4$ 拼接成的矩阵 $\boldsymbol{K}$ 相乘，得到 $\alpha_{1,1} \sim \alpha_{4,4}$ 拼接成的矩阵，如图 6.12 所示。

$$\alpha_{1,1} = k_1 \cdot q_1 \quad \alpha_{1,2} = k_2 \cdot q_1$$

$$\alpha_{1,3} = k_3 \cdot q_1 \quad \alpha_{1,4} = k_4 \cdot q_1$$

$a_{1,1}$　$a_{1,2}$　$a_{1,3}$　$a_{1,4}$
q_1 k_1 v_1　q_2 k_2 v_2　q_3 k_3 v_3　q_4 k_4 v_4

图 6.12　α 的计算

同样，$\boldsymbol{q}_1 \sim \boldsymbol{q}_4$ 也可以拼接成矩阵 $\boldsymbol{Q}$，直接与矩阵 $\boldsymbol{K}$ 相乘，如图 6.13 所示，公式为

$$\alpha_{i,j} = (\boldsymbol{q}_i)^{\mathrm{T}} \cdot k_j$$

矩阵形式可表示为

$$\boldsymbol{A} = \boldsymbol{K}^{\mathrm{T}} \cdot \boldsymbol{Q}$$

$\alpha'_{1,1}$ $\alpha'_{2,1}$ $\alpha'_{3,1}$ $\alpha'_{4,1}$
$\alpha'_{1,2}$ $\alpha'_{2,2}$ $\alpha'_{3,2}$ $\alpha'_{4,2}$
$\alpha'_{1,3}$ $\alpha'_{2,3}$ $\alpha'_{3,3}$ $\alpha'_{4,3}$
$\alpha'_{1,4}$ $\alpha'_{2,4}$ $\alpha'_{3,4}$ $\alpha'_{4,4}$
A′
$\alpha_{1,1}$ $\alpha_{2,1}$ $\alpha_{3,1}$ $\alpha_{4,1}$
$\alpha_{1,2}$ $\alpha_{2,2}$ $\alpha_{3,2}$ $\alpha_{4,2}$
$\alpha_{1,3}$ $\alpha_{2,3}$ $\alpha_{3,3}$ $\alpha_{4,3}$
$\alpha_{1,4}$ $\alpha_{2,4}$ $\alpha_{3,4}$ $\alpha_{4,4}$
A
=
k_1 k_2 k_3 k_4
K^{T}
q_1 q_2 q_3 q_4
Q

图 6.13　$\boldsymbol{Q}$ 与 $\boldsymbol{K}$ 相乘

矩阵 $\boldsymbol{A}$ 中的每一个值记录了对应的两个输入向量之间的注意力分数 α，$\boldsymbol{A}'$ 是经过 softmax 函数归一化后的矩阵。

步骤 3：利用得到的 $\boldsymbol{A}'$ 和 $\boldsymbol{V}$，计算每个输入向量 $\boldsymbol{s}$ 对应的自注意力层的输出向量 $\boldsymbol{t}$，如图 6.14 所示。

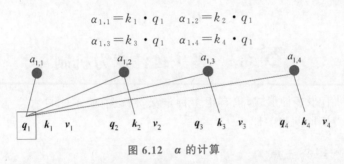

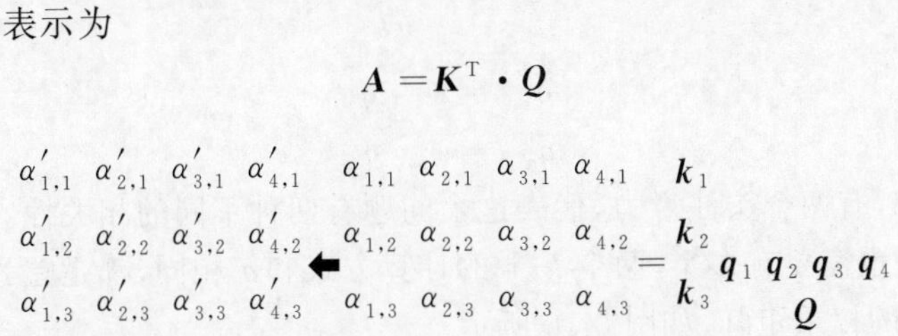

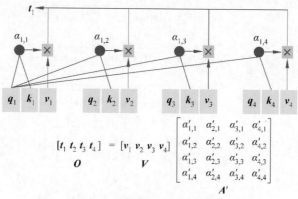

图 6.14   自注意力层的输出向量 t

计算自注意力层的输出向量 t_i 使用如下公式：

$$t_i = \sum_{j=1}^{n} v_i \cdot \alpha'_{i,j}$$

将其写成矩阵形式为

$$O = V \cdot A'$$

◇ 6.3   多头自注意力机制

因为相关性有很多种形式，也有很多种定义，所以有时不能只有一个 q，而要有多个 q，不同的 q 负责不同的相关性。

6.3.1   单输入多头注意力

对于单输入多头注意力的计算，首先用 s 乘以权重矩阵 W，得到 q_i，然后用 q_i 分别乘以 $w_{q,1}$ 和 $w_{q,2}$，得到 $q_{i,1}$ 和 $q_{i,2}$，i 代表的是位置，1 和 2 代表的是这个位置的第 1 个和第 2 个 q。

$$q_{i,1} = w_{q,1} q_i$$
$$q_{i,2} = w_{q,2} q_i$$

在图 6.15 中，有两个头注意力，代表这个问题有两种不同的相关性。

同样，k 和 v 也需要有多个，两个 k、v 的计算方式和 q 相同，都是首先计算 k_i 和 v_i，然后乘以两个不同的权重矩阵，如图 6.16 所示。

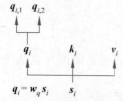

图 6.15   两头注意力示例

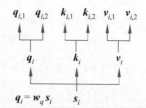

图 6.16   有两个不同的权重矩阵

6.3.2 多输入多头注意力

对于多输入向量也一样,每个向量都有多个头注意力,如图 6.17 所示。

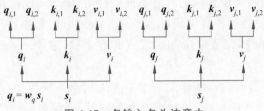

图 6.17 多输入多头注意力

算出 q、k、v 之后,再进行自注意力的计算。和上面的过程一样,只不过是 1 类的一起做,2 类的一起做,两个独立的过程计算出两个 t。

对于 1 类,其计算过程如图 6.18 所示。

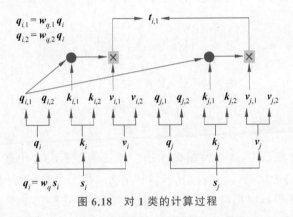

图 6.18 对 1 类的计算过程

对于 2 类,其计算过程如图 6.19 所示。

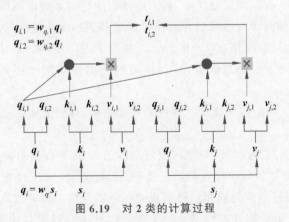

图 6.19 对 2 类的计算过程

这只是两个头注意力的例子,有多个头注意力时的计算过程也一样,都是分开计算 t,最后把 $t_{i,1}$ 和 $t_{i,2}$ 拼接成矩阵,再乘以权重矩阵 W,得到 t_i,也就是自注意力向量 s_i 的输出。

6.3.3　位置编码

自注意力机制虽然考虑了所有的输入向量,但没有考虑向量的位置信息。在实际的文字处理问题中,可能不同位置的词具有不同的性质,例如动词往往以较低的频率出现在句首。下面的方法可以通过位置编码(positional encoding)解决这个问题:对每一个输入向量加上一个位置向量 e,位置向量的生成方式有多种,通过 e 表示位置信息,带入自注意力层进行计算。

在训练自注意力层的时候,实际上对于位置的信息是缺失的,没有前后的区别,上面讲的 s_1,s_2,s_3 不代表输入的顺序,只代表不同的向量,不像循环神经网络那样对于输入有明显的前后顺序。自注意力层的输入是同时进行的,输出也是同时产生的。

引入位置向量的自注意力层如图 6.20 所示。每个位置设置一个位置向量,用 e 表示,不同的位置有一个专属的 e_i。如果 s_i 加上了 e_i,就会体现出位置的信息,i 是多少,位置就是多少。向量长度是人为设定的,也可以从数据中训练出来。

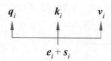

图 6.20　引入位置向量的自注意力层

6.3.4　残差连接方法

在 Transformer 模型中,残差网络的使用主要是为了解决自注意力机制带来的问题。该模型完全基于注意力机制,没有卷积层,但其结构本质上也是深度网络。在 Transformer 中,每个编码器和解码器层都包含自注意力和前馈网络,这些层的参数量非常大,网络深度也很容易变得很深。使用残差连接可以帮助 Transformer 模型更有效地训练深层网络。在 Transformer 的自注意力层中,输入通过自注意力和前馈网络后与原始输入相加,形成残差连接。这种设计使得网络即使在增加更多层数时也能保持较好的性能,缓解退化问题。总体来说,残差网络在 Transformer 模型中的应用解决了以下几个问题:

(1)缓解退化问题。通过残差学习,使得网络即使在增加层数时也能保持或提升性能。

(2)加速收敛。残差连接提供了梯度的直接路径,有助于梯度在深层网络中的传播,加速训练过程。

(3)提高表示能力。允许网络学习更复杂的函数,同时保持对简单函数的学习能力。

Transformer 模型的成功部分归功于残差连接的设计,这使得它能够构建更深、更强大的模型,从而在自然语言处理和计算机视觉等领域取得了显著的成果。

下面通过图 6.21 介绍残差网络。原始输入向量 x 在经过自注意力层之后得到 z 向量,为了防止网络过深带来的退化问题,Transformer 模型使用了残差网络,具体做法是使用计算得到的 Z 矩阵和原始输入向量拼接而成的 X 矩阵进行残差连接,即 $X+Z$,然后使用层归一化函数 LayerNorm 进行层归一化,计算得到新的 z 向量,然后输入前馈层。

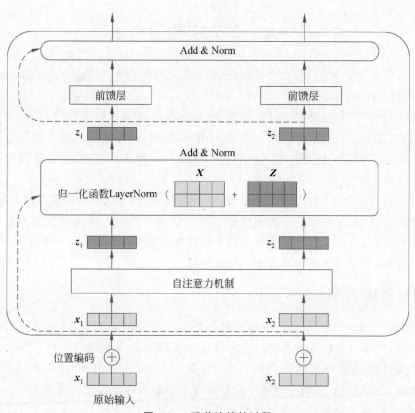

图 6.21 残差连接的过程

将 Add & Norm 简化之后的残差连接如图 6.22 所示。说明残差网络成为编码器中一个部件。

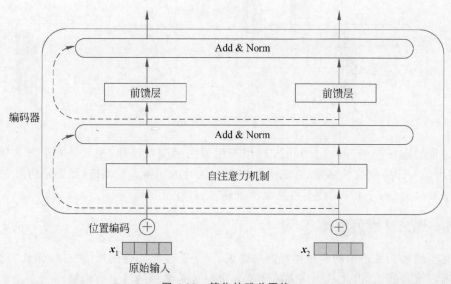

图 6.22 简化的残差网络

6.4　多类别注意力机制

在计算机视觉领域中,注意力机制可以大致分为两大类:硬注意力(hard attention)和软注意力(soft attention)。

在硬注意力机制中,哪些区域是被关注的,哪些区域是不被关注的,是一个是或不是的问题,会直接舍弃一些不相关项。例如,在图像领域,图像裁剪后留下的部分即被关注的区域。注意力机制的优势在于可以节省一定的时间和计算成本,但是有可能会丢失一部分信息。

在软注意力机制中,根据每个区域被关注程度的高低,用0~1的概率值表示,是一个可微的过程,可以通过训练过程的前向和后向反馈学习得到。因为软注意力机制对每部分信息都有考虑,所以相对于硬注意力机制计算量比较大。

限于篇幅,本书只关注空间注意力以及通道注意力。

6.4.1　空间注意力机制

不是图像中所有的区域对任务的贡献都是同样重要的,只有与任务相关的区域才是需要关心的,例如分类任务的主体。空间注意力模型就是寻找网络中最重要的部位进行处理。这里介绍一个具有代表性的模型,就是 Google DeepMind 提出的 STN(Spatial Transformer Network,空间变形网络),它通过学习输入形状的变化完成适合任务的预处理操作,是一种基于空间的注意力模型。其结构如图 6.23 所示。

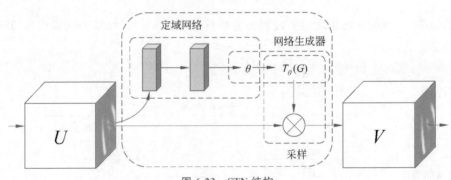

图 6.23　STN 结构

这里的定域网络(localization net)用于生成仿射变换系数,输入是 $C \times H \times W$ 的图像,输出是一个空间变换系数,它的大小根据要学习的变换类型而定,如果是仿射变换,则是一个 6 维向量。STN 的仿射变换效果如图 6.24 所示。

6.4.2　通道注意力机制

对于输入二维图像的卷积神经网络来说,一个维度是图像的尺度空间(即长和宽),另一个维度就是通道,因此基于通道的注意力机制也是常用的注意力机制。

SENet(Sequeeze and Excitation Net)获得 2017 年 ImageNet 分类比赛第一名。它本

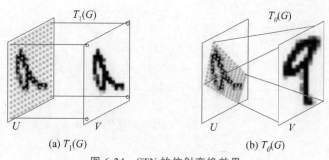

(a) $T_1(G)$　　　　　　　　(b) $T_0(G)$

图 6.24　STN 的仿射变换效果

质上是一个基于通道的注意力模型,它通过对各个特征通道的重要程度建模,然后针对不同的任务增强或者抑制不同的通道。其原理如图 6.25 所示。

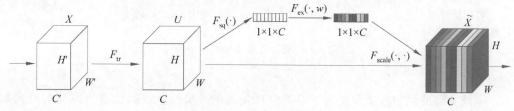

图 6.25　SENet 原理

SENet 在正常的卷积操作后分出了一个旁路分支。首先进行挤压操作,即 $F_{sq}(\cdot)$。它对空间维度进行特征压缩,即每个二维的特征图变成一个实数,相当于具有全局感受视野的池化操作,特征通道数不变。然后是激励操作,即 $F_{ex}(\cdot)$,它通过参数 w 为每个特征通道生成权重,w 被学习用来显式地建模特征通道间的相关性。在该模型中使用了一个两层瓶颈结构(先降维再升维)的全连接层+sigmoid 函数实现。得到每个特征通道的权重之后,就将该权重应用于原来的每个特征通道,基于特定的任务,就可以学习到不同通道的重要性。

将该机制应用于若干基准模型,在稍微增加计算量的情况下获得了更明显的性能提升。作为一种通用的设计思想,它可以被用于任何现有网络,具有较强的实践意义。

6.4.3　空间和通道注意力机制的融合

STN 是从空间维度实施注意力机制,而 SENet 是从通道维度实施注意力机制。自然也可以同时使用空间注意力机制和通道注意力机制。CBAM(Convolutional Block Attention Module,卷积块注意力模块)是其中有代表性的网络,它包含两个模块——通道注意力模块和空间注意力模块,这两个模块采用串联的方式。CBAM 的结构如图 6.26 所示。

通道方向的注意力建模是为了学习特征的重要性。通道注意力模块的结构如图 6.27 所示。

该模块同时使用最大池化和均值池化算法,经过几个 MLP(Multi-Layer Perceptron,多层感知机)层获得变换结果,最后分别应用于两个通道,使用 sigmoid 函数得到通道的

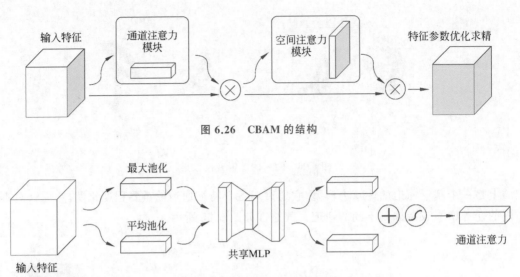

图 6.26   CBAM 的结构

图 6.27   通道注意力模块的结构

注意力结果。

空间方向的注意力建模是为了学习空间位置的重要性。空间注意力模块的结构如图 6.28 所示。

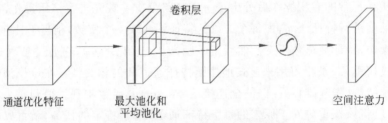

图 6.28   空间注意力模块的结构

该模块首先将通道本身降维,分别获取最大池化和均值池化结果,然后拼接成一个特征图,再使用一个卷积层进行学习。

这两种机制分别学习了通道的重要性和空间位置的重要性,还可以很容易地嵌入任何已知的框架中。

除此之外,还有很多与注意力机制相关的研究,例如残差注意力机制、多尺度注意力机制、递归注意力机制等。

第7章

Transformer 架构解析

Google 公司于 2017 年提出的一个新的简单的网络架构,称为 Transformer,它基于注意力机制,在本质上完全摒弃了递归和卷积。Transformer 最初应用在自然语言处理领域,在此之前自然语言处理都是以循环神经网络为基础的。循环神经网络以串行的方式处理数据,对应到自然语言处理任务上,即按句中词的先后顺序,每一个时间步处理一个词。然而,Transformer 受欢迎的主要原因是其架构引入了并行化——所有词都可以在同一时间进行分析,而不是按照序列先后顺序依次分析。为了支持这种并行化的处理方式,Transformer 依赖于注意力机制,让模型考虑任意两个词之间的相互关系,且不受它们在文本序列中位置的影响。通过分析词语之间的两两相互关系决定应该对哪些词或短语赋予更多的注意力。Transformer 利用了强大的并行训练,从而减少了训练时间。

◆ 7.1 Transformer 的原始框架

Transformer 采用编码器-解码器架构,如图 7.1 所示。其中左半部分是编码器,右半部分是解码器。

编码器-解码器架构不是指具体的模型,而是泛指一类结构。不同的任务可以使用不同的编码器和解码器。编码器的功能是将输入序列转换成固定长度向量,解码器的功能是把之前生成的固定向量再转换为输出序列。下面简要分析其中所有的构件以及它在整个架构中的作用。

编码部分由 N 个相同的编码器层叠加而成,每个编码器层包含两个子层,第一个子层是多头注意力层,第二个子层是前馈连接层。除此之外,还有一个残差连接,直接将输入嵌入(input embedding)传给第一个 Add & Norm 层,该层运用了残差连接后传给第二个 Add & Norm 层。

解码部分由多个相同的 Decoder 层叠加而成。相比于编码器,解码器有 3 个子层,分别是掩码多头注意力(masked multi-head attention)层、多头注意力层和前馈连接层。

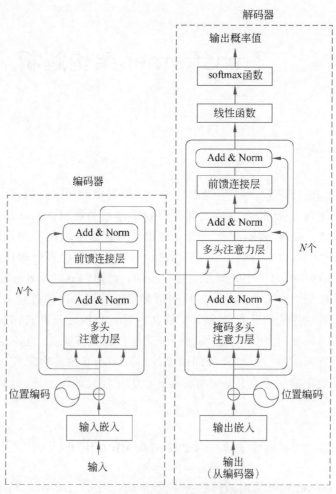

图 7.1   Transformer 的原始框架图

◆ 7.2   输入输出嵌入层

输入输出嵌入层主要包含源文本嵌入层及其位置编码器和目标文本嵌入层及其位置编码器。

无论是源文本嵌入还是目标文本嵌入,输入输出嵌入层的作用都是为了将文本中词的数字表示转换为向量表示。

输入输出嵌入是 Transformer 编码器和解码器的第一步。机器无法理解任何语言的词,它只能识别数字。和在循环神经网络中一样,需要对文本序列进行词元化(分词),然后通过输入嵌入得到词向量表示,同时加上位置编码以表示位置信息。

通过输入输出嵌入层得到了输入输出中每个词的嵌入值。对于这个嵌入值,在句子中添加该词的位置信息以提供上下文信息。在输入输出嵌入层中进行分词时使用的技术是字节对编码(Byte-Pair Encoding,BPE)算法。

7.2.1　BPE 算法

BPE 算法是一种分词算法,对于英文来说,它首先将语料库中所有的词按字母切分,随后它统计语料库中这些字母组成的双字母(bi-gram)出现的次数,然后逐步把出现次数最多的字母组合抽象为一个词加入词表中。

举个例子,假设在文本中词和对应出现的次数如下:

low 　　　　5

lower 　　　2

newest 　　6

wildest 　　3

最开始的词表由这 4 个词的所有字母组成。然后统计所有词内双字母出现的次数。出现次数最高的是 es 这样的组合,6 次出现在 newest 中,3 次出现在 wildest 中。这样,把 es 加入词表,同时标记它的次数为 9,如图 7.2 所示。

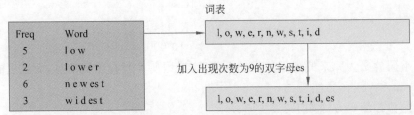

图 7.2　将 es 加入词表

因为 s 不再单独出现,所以将其从词表中去除。随后,按照新的词表再次组合字母,出现次数最高的字母组合为 est。将 est 加入词表,如图 7.3 所示。同样,es 不再单独出现,也将它从词表中去除。不断重复此过程,直到词表中词的数量达到预设值。

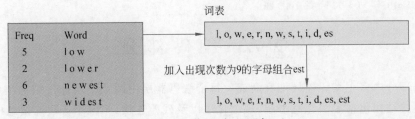

图 7.3　将 est 加入词表

BPE 算法主要用来解决未登录词(Out Of Vocabulary,OOV)的问题。它通过将文本序列变成一个个称为子词(subword)的更小的单元。在上面的例子中,如果出现了新的词 lowest,那么就可以被切分为 low 和 est 两个子词。而在传统的基于空格分词技术中,若该单词没有出现在词表中,就会被替换为空格,从而失去了意义。

7.2.2　位置编码

因为在 Transformer 的编码器结构中并没有针对词汇位置信息的处理,所以需要在输入输出嵌入层后加入位置编码。将词汇位置不同可能会产生不同语义的信息加入词的嵌入值中,以弥补位置信息的缺失。

Transformer没有使用类似循环神经网络那种顺序地读取输入的方式,而是一次并行处理所有的输入,由于输入时没有携带位置信息,这里需额外加入位置信息。那么,如何确定这个位置信息呢?当然方法很多。当输入是一整排的标记(token)时,对于人们来说,很容易知道标记的位置信息,例如:

(1) 绝对位置信息。s_1是第一个标记,s_2是第二个标记……

(2) 相对位置信息。s_2在s_1的后面一位,s_4在s_2的后面两位……

(3) 不同位置间的距离。s_1和s_3差两个位置,s_1和s_4差3个位置……

但是,这些对于自注意力来说是无法分辨的信息,因为自注意力的运算是无向的,所以需要位置编码告知模型其位置信息。当仔细分析这个问题时发现,对于周期性模式,在序列数据中位置信息通常具有周期性,可以使用周期函数sin和cos标记位置信息,从而更好地处理序列数据。例如,下面的公式就是用来表示这个操作的:

$$\text{PE}_{(\text{pos},2i)} = \sin \frac{\text{pos}}{10\ 000^{\frac{2i}{d}}}$$

$$\text{PE}_{(\text{pos},2i+1)} = \cos \frac{\text{pos}}{10\ 000^{\frac{2i}{d}}}$$

其实位置编码就是为原来的表示编码加上位置向量,使其具有位置信息,而这里的位置向量是基于sin和cos函数实现的。

可用的位置编码方法如下:

- 用整型值标记位置。
- 用[0,1]范围标记位置。
- 用二进制编码标记位置。
- 用周期函数标记位置。
- 用sin和cos交替表示位置。

◈ 7.3 编码部分

编码部分由多个编码器层堆叠而成。每个编码器层由两个子层连接结构组成:第一个子层连接结构包括多头注意力层、规范化层以及残差连接;第二个子层连接结构包括前馈连接层、规范化层以及残差连接。

7.3.1 掩码张量

掩代表遮掩,码就是张量中的数值。掩码张量的尺寸不定,里面一般只有1和0两种元素,代表位置被遮掩或者不被遮掩,至于是0还是1代表位置被遮掩可以自定义,因此它的作用就是让另一个张量中的一些数值被遮掩,也可以说被替换,它的表现形式是一个张量。

在Transformer中,掩码张量的主要作用体现在应用注意力时。有一些生成的注意力张量中的值是在有可能已知了未来信息而得到的,未来信息被看到是因为训练时会把整个输出结果一次性嵌入,但是理论上解码器的输出却不是一次就能产生最终结果的,而是多次得出。如果上一次结果是综合得出的,未来的信息就可能被提前利用,所以就要进行遮掩。

7.3.2　Transformer 的自注意力模块

Transformer 是一种新的编码器-解码器结构。这个结构的特点是以注意力模块作为基本计算单元,而不是像之前的模型那样以循环神经网络或者长短时记忆网络等结构作为基本构建块。传统的不带注意力机制的编码器-解码器网络,如图 7.4 所示。

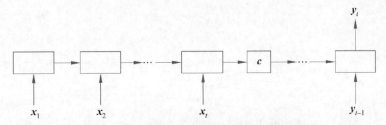

图 7.4　不带注意力机制的编码器-解码器网络

带注意力机制的编码器-解码器网络节点如图 7.5 所示。

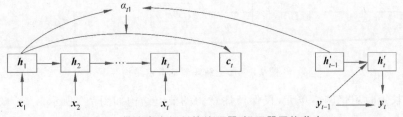

图 7.5　带注意力机制的编码器-解码器网络节点

带自注意力机制的编码器-解码器网络如图 7.6 所示。为了区别注意力向量,这里用 b_s 代表第 s 个输入单词相关的自注意力向量。

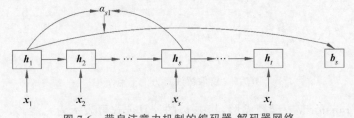

图 7.6　带自注意力机制的编码器-解码器网络

注意力跨越了编码器和解码器阶段,而自注意力则仍然处于编码器阶段。完整的自注意力编码器的结构如图 7.7 所示。

在解码阶段,自注意力向量将被用于计算注意力向量,这与前面把隐含层状态用于计算注意力向量类似。加上解码器的节点结构如图 7.8 所示。c_t 是整个输入单词和第 t 个输出值的语义关系向量。

从图 7.8 可见,自注意力向量在编码器和解码器端都单独形成了一层。去掉循环神

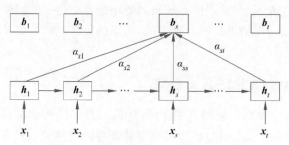

图 7.7　完整的自注意力编码器的结构

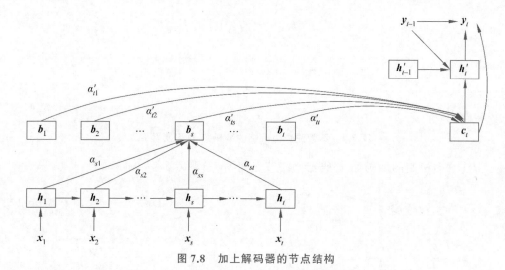

图 7.8　加上解码器的节点结构

经网络或长短时记忆网络单元,仅保留注意力的节点结构如图 7.9 所示。

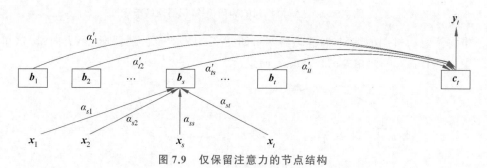

图 7.9　仅保留注意力的节点结构

到这里,Transformer 已经成形,其中 b_s 的计算公式可表示为

$$b_s = \sum_{i=1}^{T} \alpha_{si} \, x_i$$

从这里可以看到,去掉循环神经网络或长短时记忆网络单元后,直接通过矩阵乘法就可以对输入数据进行编码,不像以前那样,首先输入 x_1 得到 h_1,然后输入 x_2 才能得到 h_2,以此类推。顺序输入没有充分利用计算能力,而采用纯自注意力的编码器和解码器具有更高的计算效率。

7.3.3 Transformer 的多头注意力机制

多头注意力模块是以前面介绍的点积注意力模块为基础的,它的目的是构造多个子空间的注意力向量。所以,首先需要将输入向量映射到子空间,方法是使用全连接层映射,具体表现在乘以一个矩阵 $X_s = X \cdot W$。假设输入向量的维度为 512,需要构造 8 个子空间注意力,则每个子空间的维度为 64,于是矩阵 W 的尺寸就为 512×64。将这 8 个子空间注意力向量拼接起来又得到一个 512 维的联合注意力向量。这样一来,多头注意力模块的输入输出便和普通注意力模块的输入输出统一起来了,前者可以无缝替换后者。共享一个全连接层权重矩阵的计算过程如图 7.10 所示。

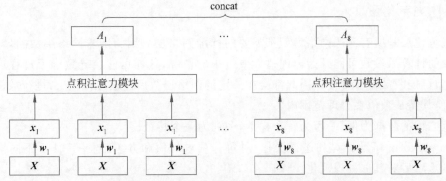

图 7.10　共享一个全连接层权重矩阵的计算过程

concat 为连接函数,返回结果为连接参数产生的字符串。每个头的 3 个输入向量共享一个全连接层权重矩阵。但实际上,为了增强模型的泛化能力,可以独立地训练这些全连接层,于是图 7.10 可以改变为图 7.11。

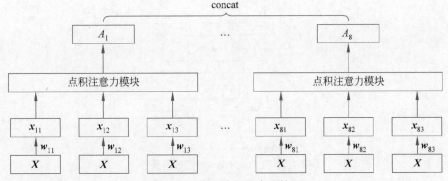

图 7.11　独立地训练全连接层

因为涉及多个子空间的注意力向量计算,每个子空间的计算图就是一个头,所以这种方法被称为多头注意力机制。

7.3.4 前馈连接层

在编码器中前馈连接层是一个简单的模块,它取出平均的注意力值并将它们转换为下一层更容易处理的形式。它可以是顶部的另一个编码器层,也可以传递到解码器端的编码器-解码器注意力层。

在解码器中,还有另一个前馈网络,它执行相同的工作并将转换后的注意力值传递到顶部的下一个解码器层或线性层。

Transformer 的一个主要的特征就发生在这一层。与传统的循环神经网络不同,由于每个词都可以通过其注意力值独立地通过神经网络,因此这一层完全是并行化的,可以同时传递输入句子中的所有词,编码器可以并行处理和输出所有词。另外,Transformer 考虑到注意力机制可能对复杂过程的拟合程度不够,所以通过增加这两层网络增强模型的能力。

7.3.5 规范化层

规范化层是所有深层网络模型都需要的标准网络层。因为随着网络层数的增加,通过多层的计算后参数可能开始出现过大或过小的情况,这样可能会导致学习过程出现异常,模型可能收敛得非常慢。因此都会在一定的网络层数后连接规范化层,进行数值的规范化,使其特征数值在合理范围内。

以二维的数据为例,一行为一个样本,一列为一个特征。

BatchNorm 函数针对列进行操作,对每一列求均值和方差(同一特征下不同样本的统计量),然后对其进行规范化。

LayerNorm 针对行进行操作,对每一行求均值和方差(同一样本下不同特征的统计量),然后对其进行规范化。

这两个操作如图 7.12 所示。

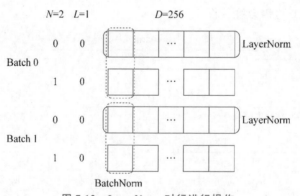

图 7.12　LayerNorm 对行进行操作

这里的 $L=1$ 相当于二维的数据,因此取出来是向量。

如果是三维的数据,如(batch,seq,embedding_size),规范化就是对 batch 进行切片,取出一个矩阵样本,获得的矩阵为二维的(seq,embedding_size)。

如果是四维的数据,如(batch,w,h,channel),将图片的宽和高组成的面作为一个维度,即转成三维的(batch,w * h,channel),如图 7.13 所示。

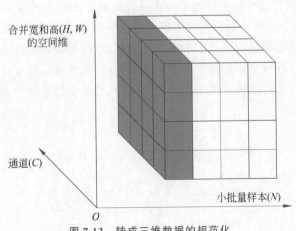

图 7.13　转成三维数据的规范化

7.3.6　残差连接

在第 6 章,从如何计算注意力的角度讨论了残差连接方法。本节从使用的角度关注残差连接在编码器中如何调用相关的模块。注意力层返回一组注意力矩阵,这些矩阵与实际输入进行合并,并且将执行层/批量规范化操作。规范化有助于平滑损失,因此在使用更大的学习率时很容易优化。如图 7.14 所示,输入每个子层以及规范化层的过程中还使用了残差连接,因此把这一部分结构整体叫作子层连接结构。在每个编码器层中都有两个子层,这两个子层加上周围的连接就形成了两个子层连接结构。

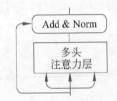

图 7.14　子层连接结构

◆ 7.4　解 码 部 分

7.4.1　解码器的作用

解码器的作用是根据编码器的结果以及上一次预测的结果对下一次可能出现的值进行特征表示。而作为解码器的组成单元,每个解码器层根据给定的输入,向目标方向进行特征提取操作,即解码过程。

7.4.2　解码器多头注意力机制

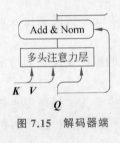

图 7.15　解码器端

解码器端的下一个多头注意力层从编码器端获取两个输入 K、V,从解码器的前一个注意力层获取第三个输入 Q,如图 7.15 所示。它可以访问来自输入和输出的注意力值。基于来自输入和输出的当前注意力信息,它在两种语言之间进行交互并学习输入句子中每个词与输出句子之间的关系。

与编码部分一样,将编码器层和解码器层堆叠,如图 7.16 所示。这样很有效，因为它可以更好地学习任务并提高算法的预测能力。

解码器部分由多个解码器层堆叠而成。每个解码器层由 3 个子层连接结构组成：

- 第一个子层连接结构包括一个多头自注意力层、规范化层以及一个残差连接。
- 第二个子层连接结构包括一个多头注意力层、规范化层以及一个残差连接。
- 第三个子层连接结构包括一个前馈连接层、规范化层以及一个残差连接。

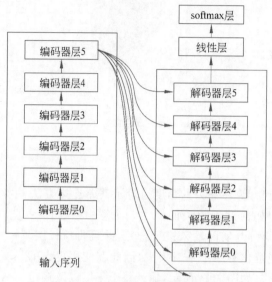

图 7.16 编码器层和解码器层堆叠

在解码时首先进行的是一个类似于编码时的词嵌入和添加上下文的预处理步骤。然后通过一个带有掩码的注意力层，它可以学习输出句子的当前词和它之前看到的所有词之间的注意力并且不允许使用即将出现的词。接下来通过残差连接的规范化层进行规范化操作，将编码器层的输出作为键、值向量送到下一个注意力层，下一解码器层使用的注意力的值（V）作为查询（Q）。输入句子和输出句子之间在这里进行了实际交互，这样使算法能更好地理解语言翻译。

最后是另一个前馈网络，它将转换后的输出传递到一个线性层，使注意力值变扁平，然后通过 softmax 层获取输出句子中所有词下一次出现的概率。概率最高的词将成为输出。

◆ 7.5 输出处理层

在所有解码器端处理完成后，数据就被传送到带有线性层和 softmax 层的输出处理层，如图 7.17 所示。

线性层用于将来自神经网络的注意力值扁平化，通过对上一步的线性变化得到指定维度的输出，也就是起到转换维度的作用。

最后应用 softmax 函数得到所有词的概率，选出最可能的词。模型其实就是预测解码器层输出的下一个可能的词的概率。使最后一维的向量中的数字归一化到 0~1 的概

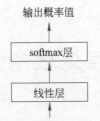

图 7.17　输出处理层

率值域内,并满足它们的和为 1 的条件。

　　本章对 Transformer 的架构进行了详细的分析。Transformer 受欢迎的主要原因是其架构引入了并行化,所有词都可以在同一时间进行分析,而不是按照序列的先后顺序处理。为了支持这种并行化的处理方式,Transformer 依赖于注意力机制,它抛弃了循环神经网络或长短时记忆网络的纯注意力模块,让模型考虑任意两个词之间的关系,且不受它们在文本序列中位置的影响。通过分析词之间的两两相互关系,决定应该对哪些词分配更多的注意力。Transformer 利用了强大的并行训练,从而减少了训练时间。

自然语言处理中的预训练模型

过去几年,自然语言处理领域的进展令人瞩目,它的一个标志就是基于注意力机制的神经网络在自然语言处理任务中大量应用。从大规模的语料数据到强有力的算力支持,加上深度学习算法模型,把自然语言处理带到一个全新的阶段,出现了大量的预训练模型。

预训练可被看作一种正则化方法,能避免在少量数据上的过拟合,具有更好的泛化能力。通过在巨量的文本数据上预训练,模型可以学习到全局的语言表示(包括语言知识和语义知识)和更多的先验知识,有助于下游的任务。另外,预训练模型提供了较好的模型初始化参数,可以在目标任务中加速收敛。本章重点讨论预训练模型的类型、结构等,并介绍几个有代表性的预训练模型。

◆ 8.1 预训练模型概述

尽管神经网络模型在自然语言处理任务中取得了成功,但性能改进不那么显著。主要原因是当前用于大多数监督的自然语言处理任务的数据集相当小(机器翻译除外)。深度神经网络通常具有大量的参数,这使得它们对这些小的训练数据过拟合,在实际应用中不能很好地推广。因此,许多自然语言处理任务的早期神经网络模型相对较浅,通常只包含1~3个神经网络层。

最近,大量的工作表明,在大型语料库上,预训练模型可以学习通用语言表示,这对于后续的自然语言处理任务是有益的,可以避免从零开始训练新模型。随着计算能力的发展和训练技能的不断提高,预训练模型的体系结构由浅向深推进。

第一代预训练模型的目标是学习好的词嵌入。这些模型的计算效率非常低,主要有 Skip-Gram 和 GloVe 等。虽然这些预先训练好的词嵌入可以捕获词的语义,但它们是上下文无关的,不能捕获上下文中的高级概念,如多义消歧、句法结构、语义角色、回指等。

第二代预训练模型主要学习上下文词嵌入,包括 CoVe、ELMo、OpenAI GPT 和 BERT 等。这些学习过的编码器仍然需要在上下文中通过下游任务表示词。此外,研究者还提出了各种预训练任务,以学习不同目的的预训练模型。

标注资源稀缺，而且某种特殊的任务只存在非常少量的相关训练数据，以至于模型不能从中学习总结到有用的规律。上述问题催生了预训练这一方法。预训练大模型的发展最具轰动效应的是 2020 年 OpenAI 发布的自然语言处理大模型 GPT-3。GPT-3 首次实现了千亿级数据参数，除了传统的自然语言处理能力之外，还可以做算术、编程、写小说、写论文摘要，一时间成为舆论热点。GPT-3 的出现让人们认识到大模型的潜力。从产业价值上看，预训练大模型由弱人工智能走向了强人工智能，由重复开发、手工作坊式人工智能走向了工业化、集成化人工智能的全新路径。

预训练模型就是已经用数据集训练好了的模型。现在常用的预训练模型就是使用常用的模型（例如 VGG16/19、ResNet 等）大型数据集作为训练集（例如 ImageNet、COCO 等）训练好参数的模型。正常情况下，我们常用的 VGG16/19 等网络已经是他人调试好的优秀网络，我们无须再修改其网络结构。使用预训练语言模型的好处是，在语言模型预训练后学到的知识可以非常容易地迁移到各种下游任务上。

8.1.1　预训练模型的结构

预训练模型的结构主要有长短时记忆（LSTM）网络、Transformer 的编码部分、Transformer 的解码部分以及全 Transformer 4 种，如图 8.1 所示。全 Transformer 结构是指标准的编码器-解码器结构。Transformer 的编码部分和解码部分的不同点主要是解码部分中的自注意力机制中包含了掩码，称为带掩码的自注意力机制。

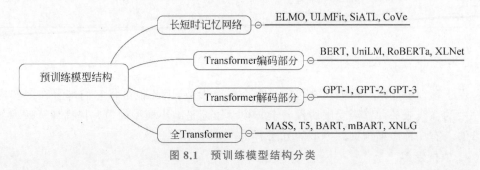

图 8.1　预训练模型结构分类

Transformer 中一个很重要的模块就是自注意力机制，其抛弃了传统的循环神经网络或者卷积神经网络的模型结构，而选择了自注意力机制。这种机制一方面解决了循环神经网络的计算耗时问题，因为循环神经网络当前时刻的计算依赖于其前一时刻的结果和状态，限制了模型并行计算能力；另一方面解决了循环神经网络顺序计算过程中的信息丢失问题，即使是长短时记忆网络，其长期依赖信息也会丢失。当然 Transformer 模型的结构也有一些缺陷。例如，它丧失了捕捉局部特征的能力，没有很好地考虑词之间的位置信息，实际上位置信息在自然语言处理中非常重要，而目前在特征向量中加入位置嵌入向量的方法也只是权宜之计。针对 Transformer 模型的缺陷，出现了很多模型对其各个部分进行改进。表 8.1 列出了部分改进模型的概况。

表 8.1   部分改进模型的概况

模型名称	结　　构	输　　入	预训练任务	参数/个
ELMo	LSTM	文本	BiLM	
GPT	Transformer 解码部分	文本	LM	1.17 亿
GPT-2	Transformer 解码部分	文本	LM	1.17 亿～15.42 亿
BERT	Transformer 编码部分	文本	MLM & NSP	1.1 亿～3.4 亿
InfoWord	Transformer 编码部分	文本	DIM+MLM	1.1 亿～3.4 亿
RoBERTa	Transformer 编码部分	文本	MLM	3.55 亿
XLNet	双流 Transformer 编码部分	文本	PLM	1.1 亿～3.4 亿
ELECTRA	Transformer 编码部分	文本	RTD+MLM	3.35 亿
UniLM	Transformer 编码部分	文本	MLM+NSP	3.4 亿
MASS	全 Transformer	文本	Seq2Seq MLM	
BART	全 Transformer	文本	DAE	BERT 的 110%
T5	全 Transformer	文本	Seq2Seq MLM	2.2 亿～110 亿
ERNIE(THU)	Transformer 编码部分	文本+实体	MLM+NSP+dEA	1.14 亿
KnowBERT	Transformer 编码部分	文本	MLM+NSP+EL	2.53 亿～5.23 亿
K-BERT	Transformer 编码部分	文本+三元组	MLM+NSP	1.1 亿～3.4 亿
KEPLER	Transformer 编码部分	文本	MLM+KE	
WKLM	Transformer 编码部分	文本	MLM+ERD	1.1 亿～3.4 亿
CoLAKE	Transformer 编码部分	文本+三元组	MLM	3.55 亿

8.1.2   预训练模型压缩技术

由于预训练的语言模型通常包含至少上亿个参数,因此很难将它们部署在现实应用程序中的在线服务和资源受限的设备上。模型压缩是减小模型规模并提高计算效率的有效方法。有 5 种压缩预训练模型的方法。

1. 模型修剪

模型修剪(pruning)是指将模型中影响较小的部分舍弃,即去除部分神经网络(如权值、神经元、层、通道、注意力头),从而达到减小模型规模、加快推理时间的效果。有人研究了模型修剪的时机,例如在预训练时修剪或在下游微调后修剪。

2. 权重量化

权重量化(weight quantization)是指将精度较高的参数压缩到较低精度。注意,量化通常需要兼容的硬件。

3. 参数共享

一种众所周知的减少参数量的方法是参数共享(parameter sharing),其主要思想是相似模型单元间的参数共享。它广泛应用于卷积神经网络、循环神经网络和 Transformer。ALBERT 主要通过矩阵分解和跨层参数共享使参数量减少。ALBERT 虽大大减少了参数的数量,但训练和推理时间比标准 BERT 还要长。通常情况下,参数共享并不能提高推理阶段的计算效率。

4. 知识蒸馏

知识蒸馏(knowledge distillation)是一种压缩技术,通过一些优化目标从大型、知识丰富、固定的教师模型学习一个小型的学生模型。通过训练这个小型的学生模型重现教师模型的大模型。在这里,教师模型可以是许多模型的集合,通常都经过了良好的预训练。知识蒸馏技术通过一些优化目标从一个固定的教师模型学习一个小的学生模型,而模型压缩技术的目标是搜索一个更稀疏的体系结构。一般来说,学生模型的结构和教师模型是一样的,只是层的尺寸更小,隐藏的尺寸也更小。然而,从 Transformer 到循环神经网络或卷积神经网络,不仅可以减少参数,还可以简化模型结构,降低计算复杂度。

知识蒸馏机制主要分为 3 种类型:

(1) 从软标签蒸馏,如 DistilBERT、EnsembleBERT。

(2) 从其他知识蒸馏,如 TinyBERT、BERT-PKD、MobileBERT、MiniLM、DualTrain。

(3) 蒸馏到其他结构,如 Distilled-BiLSTM。

5. 模块替换

模块替换(module replacing)是一种减小模型大小的简单方法,它用更简洁的模块代替了预训练模型原来的大模块。有人在实验中用参数较少的模块逐步替代原模型中的模块,压缩后的模型比原模型快 1.94 倍,恰能保留超过 98% 的性能。所以,BERT-of-Theseus 模型采用的策略是根据伯努利分布进行采样,以决定使用原始大模型的模块还是小模型。

8.1.3　预训练任务

预训练模型主要是服务于自然语言处理任务,有文章总结了自然语言处理的 4 类主要任务:

(1) 序列标注,如命名实体识别、语义标注、词性标注、分词等。

(2) 分类任务,如文本分类、情感分析等。

(3) 句对关系判断,如自然语言推理、问答、文本语义相似性判别等。

(4) 生成式任务,如机器翻译、文本摘要、写诗造句等。

为了服务这 4 类任务,通常是基于微调的范式使用预训练模型,将预训练模型当作特征提取工具使用,然后在预训练模型后加入全连接层、softmax 层或者其他轻量级的网络结构以适配下游任务,接着利用目标数据对模型进行微调,有两种方式:一种方式是将预训练模型的某些层参数固定,对其他未固定层参数进行微调;另一种方式是对预训练模型的所有层参数进行微调。选用哪种方式使用预训练模型取决于目标数据的规模以及分布等多种因素。

预训练任务对于学习语言的普遍表征是至关重要的。通常,这些预训练任务应该是具有挑战性的,并且有大量的训练数据。

8.1.4　多模态预训练模型

一些研究已经获得了一些预训练模型的跨模态版本。这些模型中的绝大多数都是为视觉和语言的通用特征编码而设计的。它们是在一些巨大的跨模态数据语料库上进行预训练的,如带有解说的视频或带有字幕的图像,结合扩展的预训练任务,充分利用多模态特征。通常情况下,基于视觉的、掩码视觉特征建模和视觉语言匹配等任务在多模态预训练中得到了广泛应用,如 VideoBERT、VisualBERT、ViLBERT 等模型。

1. 视频和文本联合模型

VideoBERT 和 CBT 是视频和文本联合模型。为了获得用于预训练的视觉和语言标记序列,视频分别由基于卷积神经网络的编码器和现成的语音识别技术进行预处理。单独一个 Transformer 编码器对处理后的数据进行训练,以学习后续任务(如视频字幕)的视觉语言表示。此外,UniViLM 建议引入生成任务,进一步预训练下游任务中要使用的解码器。

2. Image-Text PTM

除了视频语言预训练的方法外,一些作品还介绍了图像和文本联合模型,旨在适用于后续任务,如视觉问题回答(Visual Question Answering,VQA)和视觉常识推理(Visual Commonsense Reasoning,VCR)。一些模型采用两个单独的编码器分别进行图像和文本表示,如 ViLBERT 和 LXMERT。虽然这些模型架构不同,但这些方法中都引入了类似的预训练任务。

3. 音频和文本联合模型

此外,还有几种方法探索了在音频-文本对上使用预训练模型的可能性,如 SpeechBERT。它试图通过一个单独的 Transformer 编码器对语音和文本进行编码,建立一个端到端的语音问答(Speech Question Answering,SQA)模型,其中 Transformer 编码器利用掩码语言模型(Masked Language Model,MLM)对语音和文本语料库进行预训练得到,并在问答中进行微调。

◇ 8.2 预训练模型适应下游任务

虽然预训练模型从一个大型语料库中获取通用的语言知识,但是如何有效地使它们能适应下游任务仍然是一个难点问题。

8.2.1 迁移学习

迁移学习是将知识从原任务(或领域)转移到目标任务(或领域)。图 8.2 给出了迁移学习过程的示意图。

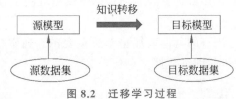

图 8.2　迁移学习过程

自然语言处理中的迁移学习有许多类型,如领域适应(domain adaptation)、跨语种学习(cross-lingual learning)、多任务学习(multi-task learning)等。预训练模型适应下游任务是一种序列迁移学习任务(sequential transfer learning task),也称序列化学习任务,其目标任务是标签数据。

为了将预训练模型的知识迁移到下游的自然语言处理任务中,需要考虑以下两个问题。

第一个问题是选择合适的预训练任务、模型架构和语料库。

不同的预训练模型通常对相同的下游任务有不同的效果,因为这些预训练模型是使用各种不同的预训练任务、模型架构和语料库进行训练的。

(1)语言模型是目前最受欢迎的预训练任务,能更有效地解决各种自然语言处理问题。然而,不同的预训练任务有自己的侧重,对不同的任务有不同的效果。例如,NSP(Next Sentence Prediction,下一句预测)任务使预训练模型理解两个句子之间的关系。因此,预训练模型可以为后续任务带来好处,例如处理问答的任务和执行自然语言推理(Natural Language Inference,NLI)的任务等。

(2)预训练模型的架构对于下游任务也很重要。例如,尽管在 BERT 的帮助下可以完成大多数自然语言理解任务,但是利用它完成自然语言生成任务是困难的。

(3)下游任务的数据分布应近似于预训练模型。目前,有大量现成的预训练模型,它们可以方便地用于各种特定领域或特定语言的下游任务。

因此,对于给定的目标任务,应选择经过适当的预训练任务、模型架构和语料库训练的预训练模型。

第二个问题是选择合适的层。

给定一个预训练好的深度模型,不同的层应该捕获不同种类的信息,例如词性标记、解析、长期依赖、语义角色、指代关系。对于基于循环神经网络的模型,从多层长短时记忆网络编码器的不同层学习到的表示有益于不同的任务(例如预测 POS 标记和理解词义)。有研究者发现,对于基于 Transformer 的预训练模型,BERT 代表了传统自然语言中处理管道(pipeline)的步骤:基本的语法信息在网络中出现得更早,而高级语义信息则出现在更高层。

设 $H(l)(1 \leqslant l \leqslant L)$ 为含有 L 层预训练模型的第 l 层表示,$g(\cdot)$ 表示用于目标任务的专有任务模型,有 3 种表示方式可供选择:

(1)只选择嵌入。一种方法是只选择预训练好的静态词嵌入,词嵌入仅用于捕获词的字面语义,而不能捕获更有用的高级信息。由于还需要理解更高级的概念,如词义。所以模型的其余部分仍然需要针对新的目标任务从零开始进行训练。

(2)顶层。最简单和有效的方法是将顶层的表示提供给专有任务模型 $g(H(L))$。

(3)所有层。一个更灵活的方法是自动选择。例如,ELMo 系统自动选择最好的层。选择的层数用下式计算:

$$r_t = \gamma \sum_{l=1}^{L} \alpha_l \, \boldsymbol{h}_t^{(l)}$$

其中,α_l 是第 l 层的 softmax 规范化权重,γ 是一个标量,用来标度预训练模型的输出向量。混合表示形式被输入专有任务模型 $g(r(t))$。

8.2.2 模型迁移方法

目前,模型迁移有两种常见的方法:特征提取方法和微调方法。

尽管这两种方法都能显著地使大多数自然语言处理任务受益,但针对特定任务,特征提取方法需要更复杂的体系结构。因此,微调方法通常比特征提取方法更通用,更便于处理许多不同的下游任务。微调方法将在第 9 章介绍。

◇ 8.3 预训练模型在自然语言处理任务中的应用

8.3.1 一般评价基准

对于自然语言处理来说,一个重要的问题是如何用一个可比较的度量评估预训练模型。

通用语言理解评估(General Language Understanding Evaluation,GLUE)基准是 9 个自然语言理解任务的集合,包括单句分类任务(CoLA 和 SST-2)、成对文本分类任务(MNLI、RTE、WNLI、QQP 和 MRPC)、文本相似性任务(STSB)和相关性排序任务(QNLI)。GLUE 基准用于评估模型的鲁棒性和泛化性。GLUE 不为测试集提供标签,而是设置一个评估服务器。然而,由于近年来技术的进步,又出现了一种新的基准,称为 SuperGLUE。与 GLUE 相比,SuperGLUE 具有更具挑战性的任务和更多样化的任务格式,例如指代消解(coreference resolution)和问答。

8.3.2 问答

问答或更窄的概念——机器阅读理解是自然语言处理中的一个重要应用。从简单到复杂,有 3 种类型的问答任务:单轮抽取问答(SQuAD)、多轮生成问答(CoQA)和多跳问答(HotpotQA)。

BERT 创造性地将单轮抽取式问答任务转换为范围预测任务,预测答案的起始界限和结束界限。在此之后,预训练模型作为界限预测的编码器已经成为一个具有竞争力的基准。对于单轮抽取式问答,有人提出了回溯式阅读器框架,并使用预训练模型(如 ALBERT)对编码器进行初始化。对于多轮生成式问答,有人提出使用预训练模型＋对抗训练＋基本原理标记＋知识蒸馏的模型。通常问答模型中的编码器参数是通过预训练模型初始化的,其他参数是随机初始化的。

8.3.3 情感分析

BERT 在情感分析数据集 SST-2 上进行微调,超越了之前的 SOTA 模型。有研究者利用 BERT 的迁移学习技术在日语情感分析中取得了一定的效果。尽管如此,由于直接将 BERT 应用到基于某方面的情绪分析上是一项细粒度的任务,因此没有显著的改善。

为了更好地利用 BERT 的强大表示能力,有研究者将 ABSA(Aspect-Based Sentiment Analysis,基于方面的情感分析)从单一的句子分类任务转换为句子对分类任务,构造一个辅助句。也有研究者提出了后训练方法,使得 BERT 从其原始域和原始任务适应到 ABSA 域和任务。

8.3.4　命名实体识别

命名实体识别在信息提取中起着重要作用,在许多自然语言处理下游任务中起着重要作用。在深度学习中,大部分命名实体识别方法处在序列标注框架中。句子中的实体信息将被转换成标签序列,一个标签对应一个词。该模型用于预测每个词的标签。

有人使用预训练的字符级语言模型为命名实体识别生成词级的嵌入。也有人使用预训练语言模型的最后一层输出和每一层输出的加权和作为词嵌入的一部分。

8.3.5　机器翻译

机器翻译是自然语言处理领域的一项重要工作,吸引了众多研究者的关注。几乎所有的神经机器翻译(Neural Machine Translation,NMT)模型都采用编码器-解码器框架,该框架首先将输入标记编码到编码器的隐藏表示中,然后利用解码器将目标语言中的输出标记解码。Ramachandran 等发现,通过使用两种语言模型预训练的权重初始化编码器和解码器,可以显著改进编码器-解码器模型。Edunov 等使用 ELMo 在神经机器翻译模型中设置词嵌入层,通过使用预训练的语言模型来初始化源,在英语-土耳其语和英语-德语机器翻译模型上获得了性能提升。

8.3.6　摘要

摘要是近年来自然语言处理领域关注的一个问题,其目的是产生一个更短的文本,以最大限度地保留长文本的要点。自从预训练模型广泛使用以来,这项任务得到了显著的改进。Zhong 等引入可转移知识(如 BERT)进行文本摘要,预训练模型超越了以往的模型。他们预训练了一个文件级模型,该模型预测句子而不是词,然后将其应用于后续任务,如摘要。

8.3.7　对抗检测和防御

深层神经网络模型易受对抗样本的攻击,这些样本可能会误导模型,使其原始输入中出现难以被人察觉的扰动,从而产生特定的错误预测。在计算机视觉中,对抗攻击和防御得到广泛研究。然而,由于语言的离散性,文本对抗攻击和防御仍然具有挑战性。为文本生成的对抗样本需要具备两个特征:一是不易被人察觉,但对神经模型有误导作用;二是语法流利,语义与原输入一致。有人用对抗样本成功攻击了基于 BERT 实现的文本分类和文本蕴涵。

研究预训练模型的对抗防御也很有前途,它可以提高预训练模型的鲁棒性,使其对对抗攻击免疫。通用型预训练模型一直是人们追求的目标。然而,这类预训练模型通常需要更深入的体系结构、更大的语料库以及便具有挑战性的预训练任务,这进一步导致了更高的训练成本。训练大模型也是一个具有挑战性的问题,需要更复杂、更高效的训练技术,如分布式训练、混合精度、梯度累积等。因此,更实际的方向是使用现有的硬件和软件设计更有效的模型架构、自监督的预训练任务、优化器和训练技能。

◆ 8.4　预训练语言模型 GPT

GPT 是第一个在 Transformer 上进行预训练的模型。它使用 12 层 Transformer 的编码器来自回归地在无监督文本语料上训练语言模型。在下游任务中可以通过这种方式对文本内容进行编码。

GPT-2 提升了模型的参数量，训练了不同规模的模型，并且使用了更大规模（40GB）的语料进行预训练。

GPT 具有零样本能力，可以使用语言模型把多种任务统一起来，可以在没有任何标注数据的情况下完成任务。

例如，在阅读理解任务中，给定一个上下文以及一个问题，GPT-2 可以利用语言模型自左向右自回归地进行预训练。

GPT-3 是一个超大的模型。2020 年预训练 GPT-3 的数据量已达到 560GB。它的零样本/一样本效果非常好。零样本就是不给模型任何训练数据，只给它一个整体的任务描述，模型就可以完成任务。一样本就是在零样本的基础上只提供一个样本，让模型完成任务。零样本和一样本都是以上下文学习（in-context learning）的形式完成的。上下文学习是指不针对下游任务做任何参数的更新，只在上下文中给出这个任务的描述以及样例，通过语言模型自回归地完成这个任务。

GPT 有一个非常明显的问题是它不知道何时说“我不知道”。它不知道一个问题本身是不合理的还是它自己并不知道答案。

T5 也是非常重要的一种预训练语言模型。它的创新在于将所有的自然语言处理任务统一成一个文本到文本的形式，输入都是任务的描述加上任务的内容，T5 基于编码器-解码器架构，利用 Seq2Seq 的方式生成答案。T5 也是一个通用的框架，在语言理解以及生成任务中都取得了非常好的效果。

◆ 8.5　预训练语言模型 BERT

BERT 是现在最受欢迎的预训练语言模型之一。它改变了自然语言处理研究的范式。它是一个双向的过程，即当前内容左边和右边的信息对于理解当前内容都是很有帮助的。与 GPT 的自回归训练范式不同，BERT 采用了另一种基本训练范式——自编码训练，通过构建双向编码使用上下文信息。

BERT 自问世以来引起了自然语言处理领域的广泛关注。BERT 大大推进了自然语言处理在应用领域的落地。预训练模型从大量人类优质语料中学习知识，并经过充分的训练，从而使得下游具体任务可以很轻松地完成微调。大大降低了下游任务所需的样本数据规模和算力需求，使得自然语言处理更加大众化。

预训练加微调两阶段已基本成为自然语言处理领域新的范式，引领了一大波预训练模型落地。Transformer 架构更加深入人心，注意力机制基本取代了 RNN。有了

Transformer 以后,在模型层面的创新对自然语言处理任务的推动作用变得有限,未来应将精力更多地放在数据和任务层面上。

8.5.1　BERT 模型结构

BERT 是一个基于 Transformer 结构的双向编码器,可以简单理解为 Transformer 的编码器部分。BERT 的双向结构与其他预训练模型的结构存在差异,如图 8.3 所示。

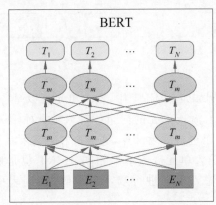
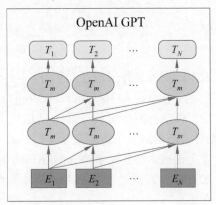
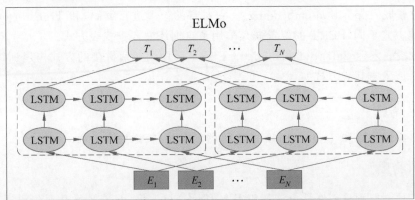

图 8.3　BERT 与 OpenAI GPT、ELMo 模型结构的比较

由图 8.3 可见 BERT 是真正意义上的双向语言模型。双向对于语义表征的作用不言而喻,能够更加完整地利用上下文学习到语句信息。GPT 是基于自回归的单向语言模型,无法利用下文学习当前语义。ELMo 虽然看起来像双向语言模型,但其实它是一个从左到右的长短时记忆网络和一个从右到左的长短时记忆网络单独训练再拼接而成的,本质上并不是双向的。

下面只讨论 BERT 的结构。BERT 主要分为 3 层,分别是嵌入操作层、编码层和预测层。

8.5.2　嵌入操作层

嵌入操作可以将离散变量转换为连续向量表示,它不仅可以减少离散变量的空间维数,而且可以有意义地表示该变量。BERT 的嵌入操作层如图 8.4 所示。

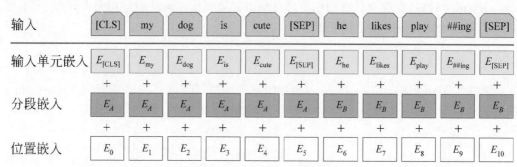
图 8.4　BERT 的嵌入操作层

BERT 的嵌入操作层包括 3 部分：

（1）输入单元嵌入（token embedding）。例如，在 BERT 中，输入单元可以是一个词，也可以是<CLS>等标识符。嵌入是用来表示输入单元的向量。输入单元本身不可计算，需要将其映射到一个连续向量空间后才可以进行后续计算，这个映射的结果就是该输入单元对应的嵌入操作。和 Transformer 的输入单元嵌入基本相同，BERT 也是通过自训练嵌入查找表方式进行嵌入操作的，即对输入单元进行双字节编码，在词表中形成 E_A、E_B 等。

（2）位置嵌入（position embedding）。它对字的位置进行编码，和 Transformer 的三角函数编码方式不同，BERT 的位置嵌入采用了自训练嵌入查找表方式。

（3）分段嵌入（segment embedding）。BERT 采用两句话拼接的方式构建训练语料，利用自训练嵌入查找表方式实现。

8.5.3　编码层

BERT 编码层则和 Transformer 的编码器基本相同，详见第 7 章。

8.5.4　预测层

BERT 预测层则采用线性全连接以及 softmax 归一化，下游任务对预测层进行必要的改造即可。在不同的下游任务中，可以把 BERT 理解为一个特征抽取编码器，根据下游任务灵活使用。BERT 可应用于以下场景：

（1）语句对分类，如语句相似度任务、语句蕴含判断等。

（2）单语句分类，如情感分析、问答任务、阅读理解，将问题和文档构建为语句对，输出开始和结束的位置即可。

（3）序列标注，如 NER，从每个位置得到类别即可。

BERT 源代码分析见附录 A。

◆ 8.6　大模型部署

8.6.1　大模型部署框架

大模型部署的核心框架主要由硬件基础架构、软件基础架构、深度学习框架等组成。

硬件基础架构主要包括硬件设备、存储介质、网络通信等,用于提供系统中全部组件所需要的资源支持。

软件基础架构包括应用程序开发、脚本开发、集群管理等,用于实现图像处理、计算资源分发、模型训练等。

深度学习框架,如 TensorFlow、PyTorch 等,用于构建丰富的神经网络结构,并将大量的原始训练数据处理的特征融合在其中,进而实现巨型和运维模型。

例如,大模型基本架构可由 BERT 模型服务端、API 服务端、应用端组成。BERT 模型服务端用于加载模型,进行实时预测的服务,可使用 BERT-BiLSTM-CRF-NER。API 服务端用于调用实时预测服务,为应用提供 API 服务,可用 Flask 编写。应用端可使用 HTML 网页实现。

8.6.2　大模型部署步骤

大模型部署步骤如下:

(1) 环境搭建。首先,结合业务需求,根据实际的技术条件,选择用于大模型部署的操作系统、虚拟化技术。同时,运维团队还需要准备一批可以在服务器上运行的容器环境或深度学习框架。

(2) 程序开发。开发团队需要根据机器学习的模型开发出可供部署的脚本和应用程序,以实现大模型的训练、测试和预测。

(3) 算力分配。根据业务需求调整系统中各资源的比例,以便满足机器学习模型中训练、测试和预测的需要。

(4) 开发部署。在这一步,开发团队可以将以上步骤中编写的脚本和应用程序部署到服务器环境中,以便将服务器资源部署到大模型系统中。

(5) 模型测试及调整。评估实际的测试数据和情况,如果出现错误,运维及开发团队需要根据实际场景及时调整模型,以提高模型的准确率及效果。

8.6.3　大模型部署方式

大模型部署方式分为以下 3 种:

(1) Kubernetes 集群部署方式。Kubernetes 提供了应用编排及调度管理功能,可以实现对服务器资源的有效利用,降低系统运维成本,简化部署管理,是部署大模型的一种有效方式。

(2) Mesos 管理操作系统部署方式。Mesos 提供了资源池分配功能,允许用户同时创建多个应用实例,从而有效利用大规模的服务器资源,实现分布式大模型的部署。

(3) Docker 容器部署方式。Docker 可以快速部署应用,建立容器环境用于部署众多的深度学习框架,如 TensorFlow、PyTorch 等,可以实现大模型的并行计算和部署。

第 9 章

微调技术

在实际应用中,不同的系统具有不同的数据集,这些数据集在规模和数据之间的相似度方面各不相同。不同的数据集需要使用不同的微调技术。本章将对几种常用的微调方法进行介绍。

◈ 9.1 微调概述

现在已经有各种各样的预训练模型,这些模型的种类和训练方法特别多,用到的数据和领域可能也不同。一个预训练好的模型尽管已经有了一些通用的知识,但在把它应用到具体的垂直行业任务时,很有可能要针对每个行业的任务使用不同的策略,同时也需要针对每个任务设定独特的训练策略。尽管可以用预训练模型达到很好的初始化效果,但尚未实现自然语言处理任务统一的场景。这样就导致模型的调整工作量非常繁重。

如果要使用的数据集和预训练模型的数据集相似,或者自己搭建的卷积神经网络模型正确率不太高,这时就需要对模型进行微调(fine-tuning)。如果不做微调,就要从头开始训练模型,需要大量的数据、计算时间和计算资源,也有可能存在模型不收敛、参数不够优化、准确率低、模型泛化能力低、容易过拟合等风险。使用微调方法可以有效地避免上述可能存在的问题。微调的必要性主要有以下几点:

(1)解决数据稀缺问题。在许多任务中,获得大规模的标记数据进行训练是耗时和昂贵的。预训练模型通常在大规模通用数据上进行了预训练,具备了丰富的通用知识。微调可以利用这些通用知识,使用较少的特定任务数据进行训练,从而节省时间和成本。这在生物医学领域的应用中尤为突出。

(2)节省计算资源。预训练模型通常需要大量的计算资源。微调通常不需要从头开始训练模型,因此可以大大减少训练时间和计算资源的消耗。实验证明模型微调后在性能上并不会与重新训练的模型相差很大。

(3)提高模型在特定领域的性能。通过微调,可以使模型更好地适应特定任务的需求。可以根据任务数据对模型的参数进行微调,以提高其在特定领域的性能、准确性和泛化能力。

(4)合理性。预训练模型已经通过大规模数据的训练进行了验证和优化,因此它们通常表现得非常稳定和强大。微调模型是一种合理的方法,因为这是建立在已有的成果基础上的,相比于重新搭建的模型,其达到预期精度的可能性更高。

对于数据量少且数据相似度非常高的数据集,使用微调方法只修改最后几层或最终的 softmax 层的输出类别。

对于数据量小、数据相似度低的数据集,可以冻结预训练模型较低的层,并再次训练剩余的较高的层。由于新数据集的相似度较低,因此根据新数据集对较高的层进行重新训练具有重要意义。

对于数据量大、数据相似度低的数据集,由于有一个大的数据集,所以神经网络训练将会很有效。但是,由于要实际使用的数据与用于预训练模型的数据相比有很大不同,使用预训练模型进行预测不会有效。因此,最好根据要实际使用的数据从头开始训练神经网络。

对于数据量大、数据相似度高的数据集,预训练模型应该是最有效的。使用模型的最好方法是保留模型的体系结构和模型的初始权重,重新训练该模型。

◆ 9.2　微调神经网络的方法

在一些特定领域的识别分类任务中,很难取得大量的数据。例如,ImageNet 是一个千万级的图像数据库,而通常的任务只能取得几千张或者几万张某一特定领域的图像。在这种情况下重新训练一个神经网络是比较困难的,而且参数不好调整,数据量也不够,因此微调神经网络就是一个比较理想的选择。

在微调时,通常要准备一个初始化的模型参数文件,在已分类训练好的参数的基础上,根据具体的分类识别任务进行特定的微调。以车型的识别为例,假设有 100 种车型需要识别,任务对象是车,现在有 ImageNet 的模型参数文件,使用的神经网络模型是 CaffeNet(它是一个小型的神经网络),微调流程可分为以下几步:

(1) 准备训练数据集与测试数据集。

(2) 计算数据集的图像均值文件。

(3) 选定模型文件,修改分类层的参数。

(4) 调整部分配置参数。

(5) 启动训练,加载预训练模型进行微调。

微调方法的主要缺点是效率低下,每个下游任务都有自己的微调参数。因此,更好的解决方案是在原始参数不变的情况下向预训练模型注入一些可微调的自适应模块。Stickland 和 Murray 为单个可共享的 BERT 模型配备了专用的任务自适应模块,即映射注意力层(Projected Attention Layer,PAL)。与 PAL 共享的 BERT 模型的参数与单独微调神经网络的模型相比大为减少。类似地,Houlsby 等通过添加适配器模块修改了预训练 BERT 模型的架构,适配器模块提供了一个紧凑且可扩展的模型,它只为每个任务添加几个可训练的参数,并且可以添加新任务,而不需要重新访问以前的任务,原始网络的参数保持不变,实现了高度的参数共享。

🔷 9.3　自适应微调

尽管预训练语言模型相比于以前的模型有更强大的泛化性能，但是它们仍然不能很好地适应与预训练数据分布差异较大的数据。自适应微调（adaptive fine-tuning）方法通过在更接近目标数据分布的数据上对模型进行微调，以适应数据分布的变化。

对于自适应微调的形式化表述如下：给定由特征空间 $\boldsymbol{\Gamma}$ 和一个特征空间上的边际概率分布 $P(\boldsymbol{X})$ 组成的目标域 D_{Γ}，其中 $\boldsymbol{X}=[x_1,x_2,\cdots,x_n]\in\boldsymbol{\Gamma}$，自适应微调方法使模型能够同时学习特征空间 $\boldsymbol{\Gamma}$ 和目标数据分布 $P(\boldsymbol{X})$。

具体而言，采用自适应微调方法在特定任务上进行微调之前，要对其增广数据，对模型先进行一次微调。这里需要注意的是，因为是基于预训练模型进行微调，所以自适应微调方法只需要无监督数据。

🔷 9.4　提 示 学 习

这里要介绍的提示学习（prompt-learning）方法实际上就是给模型增加一些额外的上下文，触发出我们想要的一些标记。再用这些标记进行后续的处理。提示学习的核心就是给模型加入提示，重新组织输入。这种提示的本质是对参数有效性的训练。

9.4.1　提示学习微调模型的基本组成

首先回顾预训练的基本思路：在预训练中有一个被遮盖（mask）的预训练任务，特地将一些词遮住，然后用 MLM Head 模块预测被遮盖的词是什么。BERT 中的 MLM Head 模块源代码如下：

```python
from transformers.models.bert.modeling_bert import BertOnlyMLMHead
from transformers import BertConfig, BertPreTrainedModel, BertModel
class BertLMHeadModel(BertPreTrainedModel):
    def __init__(self, config):
        super().__init__(config)
        self.bert=BertModel(config, add_pooling_layer=False)
        self.cls=BertOnlyMLMHead(config)
        # Initialize weights and apply final processing
        self.init_weights()
    def forward(self):
        pass
model=BertLMHeadModel.from_pretrained("bert-base-cased")
```

而对于微调来说，首先把句子输入预训练好的模型中，然后通过一个随机初始化的分类器训练它，让它输出为符合预设的类别。

可以看出，预训练和微调之间有一些差异，如图 9.1 所示，因为它们做的并不是同一件事。例如，在预训练过程中并不知道在后面还要做一个分类，预训练要做的只是预测被遮盖的位置上的词。而在微调过程中，没有预测被遮盖的词，给模型接一个新的分类层，让模型进行预测。

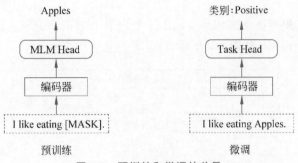

图 9.1　预训练和微调的差异

很显然可以用提示学习弥补它。具体的做法如图 9.2 所示,对于一个输入的实例,给它加一句话:"It was［MASK］."即一个提示,同时要保证它的形式和预训练任务一样。预测出和预训练中一样的东西,即词的概率分布,然后根据它在整个词表中的分布抽取想要的词。

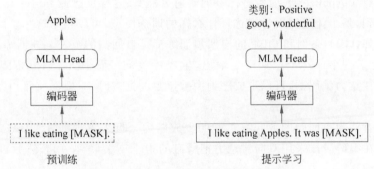

图 9.2　利用提示学习预测被遮盖的单词

例如,对于一个情感分类任务,结果可能会是正类(POSITIVE)和负类(NEGATIVE),用 good 或 wonderful 等词代表正类,而用 bad 或 terrible 等词代表负类。这样就得到了整个词表上的概率分布,此时只需要比较正类词的概率和负类词的概率,其他的词都不需要考虑,就可以知道该样本被分到哪一类。

额外增加的上下文"It was［MASK］."被称为模板(template),把标签映射到词的映射器被称为 verbalizer。此时可以很明确地看到,在直觉上,它似乎把预训练和微调的差异消除了。

实际上,这种做法还有一个好处是不再需要考虑各种任务之间的区别。同样一套数据,根据提示设置的不同或者 verbalizer 映射器选择的不同,可以把不同的任务看成不同的分类。这样就可以把所有的分类任务甚至生成任务都通过提示重新组织成同一个范式。例如,BERT 是一个双向注意力模型,不是用来完成生成任务的,但可以用这种范式逐个生成词。

9.4.2　提示学习微调流程

首先输入"I love this moive."。然后给出一个模板"Overall,it was a［z］movie",这

里[z]就是要预测的词。添加提示之后的数据变成了"I love this movie. Overall it was a [z] movie."。

把新数据输入模型。此时模型会输出一个词表上的概率分布,选择概率最大的标签词,假设这里是 fantastic,如图 9.3 所示。

图 9.3　提示学习微调流程

最后通过 Verbalizer 映射器将标签词映射为标签,这样就预测 fantastic 是一个正类。

可以看到,整个流程需要考虑选择什么样的训练模型,可以根据这些模型预训练的范式来选。例如,GPT 系列和 OPT 的模型预训练都是自回归的范式。即训练一个解码器,接收输入,然后一个词一个词地产生输出,生成标签词。而 BERT、RoBERTa 预训练使用的是双向注意力编码器,可以生成序列中被遮盖的词,会同时根据前面和后面的上下文生成词。

有研究者认为自回归的方式有更好的生成能力。近来出现的 T5、BART 等编码器-解码器模型在编码阶段采用双向注意力把所有的上下文关联到一起,然后再用解码器自回归地生成词。

除了预训练语言的目标,同时还要考虑模型预训练使用了什么样的数据。例如,融入了很多知识图谱的预训练模型更适用于关系抽取或实体分类这种带有世界知识的下游任务,在金融领域或生物医学领域训练的模型更适用于相关特定领域的下游任务。另外,模板也有很多种生成方式,可以人工构造,也可以自动生成,还可以对已有模板进行改进。

在微调过程中,通常的做法是截断预先训练好的网络的最后一层(softmax 层),并用与实际问题相关的新的 softmax 层替换它。如果数据集过小,通常只训练最后一层;如果数据集规模中等,冻结预训练网络的前几层的权重也是一种常见做法。这是因为前几层捕捉了与实际问题相关的通用特征,所以希望保持其权重不变,让网络专注于学习后续深层中特定于数据集的特征。

◆ 9.5　增量微调模型

现在已经有一些较为成熟的方法能利用提示学习驱动大模型。本节从优化的角度介绍增量微调(delta tuning)模型。当模型特别大的时候,可以用小参数的优化驱动大模型,即不需要优化 100 亿或 1000 亿个参数,只需要优化其中千分之一或万分之一的参数,也能达到和全参数微调差不多的效果。

和提示学习微调方法不同,增量微调方法是从另一个角度高效地微调模型。增量微调方法的基本思路是模型绝大部分参数不变,只微调一小部分参数,就能驱动大模型。

例如,以往对于每个任务,可能需要微调一个不同的模型。如果模型很大,那么保持这些模型的参数也会成为问题。而使用增量微调,对于每个任务只优化一小部分参数,称之为增量对象,它们可能有各种各样的结构。这些增量对象是解决任务能力的参数化表示。实际上这些参数所占空间很小,因此没有资源压力。

实际上要考虑的问题也有很多,例如模型的选择、增量对象的设计等。参数微调在过去是不可能实现的,因为过去所有的网络参数都是随机初始化的。有了预训练和大模型之后,才能用增量微调的范式。

◈ 9.6　基于提示的微调

随着 GPT、EMLo、BERT 的相继提出,预训练＋微调的模式在诸多自然语言处理任务中被广泛使用。首先在预训练阶段在大规模无监督语料上预先训练一个语言模型,然后在微调阶段基于训练好的语言模型在具体的下游任务上再次进行微调,以获得适应下游任务的模型。这种模式在诸多任务的表现上超越了传统的监督学习方法,不论在工业生产、科研创新还是在竞赛中均成为新的主流方式。然而,这个模式也存在一些问题。例如,在下游任务微调时,大多数下游任务的目标与预训练的目标差距过大,导致提升效果不明显,微调过程中依赖大量的监督语料。为解决这些问题,以 GPT-3 为代表的基于预训练语言模型的新的微调模式——提示微调(prompt tuning)出现了,其目的是通过添加模板的方法避免引入额外的参数,从而让语言模型可以在小样本或零样本场景下达到理想的效果。

下面通过 OpenPrompt 工具包介绍提示微调方法。提示其实可以自定义很多不同的模板/映射器,例如一个普通的情感分类任务,模板可能是 it was __。模板可能不同,遮盖的位置可能不同,映射器也可能不同。以前通常将模板写死到代码中,不方便尝试不同的模板,也无法灵活地找到遮盖的位置。

OpenPrompt 工具包的目的是解决上述问题,定义统一的提示微调模式,使用不同的模板(Template),定义不同的映射器(Verbalizer),如图 9.4 所示。例如,输入一段描述

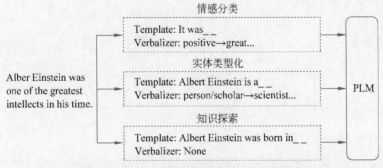

图 9.4　利用 OpenPrompt 自定义不同的模板

爱因斯坦的话"Albert Einstein was one of the greatest intellects in his time."实现不同的任务。当使用情感分类的映射器时,以"It was __"为模板,则训练的结果为 great 是正类;当使用实体类型的映射器时,以"Albert Einstein is a__"为模板,则训练的结果是 scientist。

图 9.5 给出 7 种模板的例子。

```
1  # Example A. Hard prompt for topic classification
2  a {"mask"} news: {"meta": "title"} {"meta": "description"}
3
4  # Example B. Hard prompt for entity typing
5  {"meta": "sentence"}. In this sentence, {"meta": "entity"} is a {"mask"},
6
7  # Example C. Soft prompt (initialized by textual tokens)
8  {"meta": "premise"} {"meta": "hypothesis"} {"soft": "Does the first sentence entails
       the second ?"} {"mask"} {"soft"}.
9
10 # Example D. The power of scale
11 {"soft": None, "duplicate": 100} {"meta": "text"} {"mask"}
12
13 # Example E. Post processing script support
14 # e.g. write an lambda expression to strip the final punctuation in data
15 {"meta": "context", "post_processing": lambda s: s.rstrip(string.punctuation)}. {"
       soft": "It was"} {"mask"}
16
17 # Example F. Mixed prompt with two shared soft tokens
18 {"meta": "premise"} {"meta": "hypothesis"} {"soft": "Does"} {"soft": "the", "soft_id
       ": 1} first sentence entails {"soft_id": 1} second?
19
20 # Example G. Specify the title should not be truncated
21 a {"mask"} news: {"meta": "title", "shortenable": False} {"meta": "description"}
```

图 9.5   7 种模板的例子

下面给出一个具体的例子。

(1) 安装需要的包:

```
!pip install transformers --quiet
!pip install datasets==2.0 --quiet
!pip install openprompt --quiet
!pip install torch --quiet
```

(2) 加载数据集:

```
from datasets import load_dataset
raw_dataset=load_dataset('super_glue',
'cb', cache_dir="../datasets/.cache/huggingface_datasets")
raw_dataset['train'][0]
{'premise': 'It was a complex language. Not written down but handed down. One
might say it was peeled down.',
'hypothesis': 'the language was peeled down',
'idx': 0,
'label': 0}
```

然后加载模型和分词器:

```
from openprompt.plms import load_plm
plm, tokenizer, model_config, WrapperClass=load_plm("t5", "t5-base")
```

（3）构建输入，将原始数据集处理成 OpenPrompt 可以使用的格式：

```
from openprompt.data_utils import InputExample
dataset={}
for split in ['train', 'validation', 'test']:
    dataset[split]=[]
    for data in raw_dataset[split]:
        input_example=InputExample(text_a=data['premise'], text_b=data
['hypothesis'], label=int(data['label']), guid=data['idx'])
        dataset[split].append(input_example)
print(dataset['train'][0])
{
  "guid": 0,
  "label": 0,
  "meta": {},
  "text_a": "It was a complex language. Not written down but handed down. One
might say it was peeled down.",
  "text_b": "the language was peeled down",
  "tgt_text": null
}
```

可以看到，一部分输入叫 text_a，另一部分输入叫 text_b。还有刚才提到的 meta 信息。

（4）定义模板文本：

```
from openprompt.prompts import ManualTemplate
template_text='{"placeholder":"text_a"} Deduction: {"placeholder":"text_
b"}. Is it correct? {"mask"}.'
mytemplate=ManualTemplate(tokenizer=tokenizer, text=template_text)
```

在 mask 位置输出答案。

为了更好地理解模板，看下面的例子：

```
wrapped_example=mytemplate.wrap_one_example(dataset['train'][0])
wrapped_example
[[{'text': 'It was a complex language. Not written down but handed down. One
might say it was peeled down.',
  'loss_ids': 0,
  'shortenable_ids': 1},
 {'text': ' Deduction:', 'loss_ids': 0, 'shortenable_ids': 0},
 {'text': ' the language was peeled down',
  'loss_ids': 0,
  'shortenable_ids': 1},
 {'text': '. Is it correct? ', 'loss_ids': 0, 'shortenable_ids': 0},
 {'text': '<mask>', 'loss_ids': 1, 'shortenable_ids': 0},
 {'text': '.', 'loss_ids': 0, 'shortenable_ids': 0}],
{'guid': 0, 'label': 0}]
```

shortenable_ids 表示是否可压缩，loss_ids 表示是否需要计算损失。

（5）处理输出：

```
wrapped_t5tokenizer=WrapperClass(max_seq_length=128,
decoder_max_length=3,
tokenizer=tokenizer,truncate_method="head")# or
from openprompt.plms import T5TokenizerWrapper
wrapped_t5tokenizer = T5TokenizerWrapper (max_seq_length = 128, decoder_max_
length=3, tokenizer=tokenizer,truncate_method="head")
# You can see what a tokenized example looks like by
tokenized_example = wrapped_t5tokenizer.tokenize_one_example (wrapped_
example, teacher_forcing=False)
print(tokenized_example)
print(tokenizer.convert_ids_to_tokens(tokenized_example['input_ids']))
print(tokenizer.convert_ids_to_tokens(tokenized_example['decoder_input_ids']))
{'input_ids': [94, 47, 3, 9, 1561, 1612, 5, 933, 1545, 323, 68, 14014, 323, 5, 555,
429, 497, 34, 47, 158, 400, 26, 323, 5, 374, 8291, 10, 8, 1612, 47, 158, 400, 26,
323, 3, 5, 27, 7, 34, 2024, 58, 32099, 3, 5, 1, 0, 0, ... 0], 'attention_mask': [1,
1, 1, ... 0], 'decoder_input_ids': [0, 32099, 0], 'loss_ids': [0, 1, 0]}
['__It', '__was', '__', 'a', '__complex', '__language', '.', '__Not', '__
written', '__down', '__but', '__handed', '__down', '.', '__One', '__might',
'__say', '__it', '__was', '__pe', 'ele', 'd', '__down', '.', '__De', 'duction',
':', '__the', '__language', '__was', '__pe', 'ele', 'd', '__down', '__', '.',
'__I', 's', '__it', '__correct', '? ', '<extra_id_0>', '__', '.', '</s>',
'<pad>', '<pad>', '<pad>',
...]
['<pad>', '<extra_id_0>', '<pad>']
```

（6）对整个数据集进行处理：

```
model_inputs={}
for split in ['train', 'validation', 'test']:
    model_inputs[split]=[]
    for sample in dataset[split]:
        tokenized_example = wrapped_t5tokenizer.tokenize_one_example
(mytemplate.wrap_one_example(sample), teacher_forcing=False)
        model_inputs[split].append(tokenized_example)
```

（7）构建数据加载器：

```
from openprompt import PromptDataLoader
train_dataloader=PromptDataLoader(dataset=dataset["train"],
    template=mytemplate,
    tokenizer=tokenizer,
    tokenizer_wrapper_class=WrapperClass,
    max_seq_length=256,
    decoder_max_length=3,
    batch_size=4,
    shuffle=True,
    teacher_forcing=False,
    predict_eos_token=False,
    truncate_method="head")
```

（8）除了模板之外，还要构建 Verbalizer 映射器：

```
from openprompt.prompts import ManualVerbalizer
import torch
# for example the verbalizer contains multiple label words in each class
myverbalizer=ManualVerbalizer(tokenizer, num_classes=3,
                    label_words=[["yes"], ["no"], ["maybe"]])
print(myverbalizer.label_words_ids)
logits=torch.randn(2,len(tokenizer)) # creating a pseudo output from the plm, and
print(myverbalizer.process_logits(logits))
```

这里指定了 3 个标签词，分别对应 3 种类别。下面看 Verbalizer 映射器加工后的形状：

```
Parameter containing:
tensor([[[4273]],
        [[ 150]],
        [[2087]]])
tensor([[-2.6867, -0.1306, -2.9124],
        [-0.6579, -0.8735, -2.7400]])
```

（9）定义一个分类 Pipeline。

```
from openprompt import PromptForClassification
use_cuda=torch.cuda.is_available()
print("GPU enabled? {}".format(use_cuda))
prompt_model=PromptForClassification(plm=plm,template=mytemplate,
verbalizer=myverbalizer, freeze_plm=False)
if use_cuda: prompt_model=prompt_model.cuda()
```

（10）把模型移到 GPU 上进行训练：

```
# Now the training is standard
from transformers import AdamW, get_linear_schedule_with_warmup
loss_func=torch.nn.CrossEntropyLoss()
no_decay=['bias', 'LayerNorm.weight']
# it's always good practice to set no decay to biase and LayerNorm parameters
optimizer_grouped_parameters=[
    {'params': [p for n, p in prompt_model.named_parameters() if not any(nd in n
for nd in no_decay)], 'weight_decay': 0.01},
    {'params': [p for n, p in prompt_model.named_parameters() if any(nd in n for
nd in no_decay)], 'weight_decay': 0.0}
]

optimizer=AdamW(optimizer_grouped_parameters, lr=1e-4)
for epoch in range(5):
    tot_loss=0
    for step, inputs in enumerate(train_dataloader):
        if use_cuda:
            inputs=inputs.cuda()
        logits=prompt_model(inputs)
```

```
        labels=inputs['label']
        loss=loss_func(logits, labels)
        loss.backward()
        tot_loss + =loss.item()
        optimizer.step()
        optimizer.zero_grad()
        if step %100 ==1:
            print("Epoch {}, average loss: {}".format(epoch, tot_loss/(step+
1)), flush=True)
Epoch 0, average loss: 0.6918223202228546
Epoch 1, average loss: 0.21019931323826313
Epoch 2, average loss: 0.0998007245361805
Epoch 3, average loss: 0.0021352323819883168
Epoch 4, average loss: 0.00015113733388716355
```

（11）评估模型效果：

```
validation_dataloader = PromptDataLoader (dataset = dataset [ "validation"],
    template=mytemplate,
    tokenizer=tokenizer,
    tokenizer_wrapper_class=WrapperClass,
    max_seq_length=256,
    decoder_max_length=3,
    batch_size=4,
    shuffle=False,
    teacher_forcing=False,
    predict_eos_token=False,
    truncate_method="head")
allpreds=[]
alllabels=[]
for step, inputs in enumerate(validation_dataloader):
    if use_cuda:
        inputs=inputs.cuda()
    logits=prompt_model(inputs)
    labels=inputs['label']
    alllabels.extend(labels.cpu().tolist())
    allpreds.extend(torch.argmax(logits, dim=-1).cpu().tolist())
acc=sum([int(i==j) for i,j in zip(allpreds, alllabels)])/len(allpreds)
print(acc)
0.9107142857142857
```

第 10 章

大语言模型系统安全技术

大语言模型(LLM)持续展示出其巨大的实用性和灵活性。然而,像所有创新一样,它们也可能带来风险。负责任地开发和使用它们意味着主动识别这些风险并提供降低风险的方法。

目前世界上许多研究团队正在这个领域展开工作。将安全模块作为大语言模型外挂模块的做法已不能满足需要。从系统层面和模型层面出发,打造更可控、可信的大语言模型安全框架,成为人们追求的目标。OpenAI 安全系统团队负责人 Lilian Weng 在博客文章"Adversarial Attacks on LLMs"中梳理了针对大语言模型的对抗攻击类型并简单介绍了一些防御方法,可供参考。本章对大语言模型系统安全的一些关键问题进行介绍和讨论。

◇ 10.1 大语言模型面临的安全挑战

现阶段,大语言模型的安全性问题越来越重要。一方面,OpenAI 系列模型工具发布后,AGI 加速实现,将引发更加复杂的安全风险,主要涉及技术安全、内容安全和人类安全;另一方面,生成式人工智能军事化的趋势日益显著。要规避安全风险,降低人工智能对人类的负面影响,关键在于大语言模型底座。大语言模型发展到现在,其结构和规模已经有了很大的进展,但实用性还有待加强,很多学者正在研究怎样通过技术让大语言模型更加安全、可控,使其快速适配更多的应用场景。

10.1.1 大语言模型应用面临的威胁

专注于 Web 应用安全的组织 OWASP(Open Web Application Security Project,开放式 Web 应用安全项目)针对大语言模型发布了十大安全风险要点。使用大语言模型的人员都应该了解这 10 个可能的安全风险:

(1)提示信息注入(Prompt Injection)。攻击者通过精心设计的输入操控大语言模型,可能导致后端系统被利用甚至用户与系统的互动被控制。

(2)不安全的输出处理(Insecure Output Handling)。当大语言模型输出未经审查就被接受时,可能暴露后端系统。滥用可能导致严重的后果,例如跨站脚本攻击(XSS)、跨站请求伪造(CSRF)、服务器端请求伪造(SSRF)、不当的权限或远端程序代码执行。

(3) 训练数据投毒(Training Data Poisoning)。当大语言模型训练数据被篡改时,将导致威胁安全、效能或不道德行为的漏洞或偏见。

(4) 模型拒绝服务(Model Denial of Service)。攻击者在大语言模型上执行资源密集型操作,导致服务降级或成本提高。由于大语言模型的资源密集型特性和用户输入的不可预测性,此威胁的严重性非常高。

(5) 供应链漏洞(Supply Chain Vulnerabilities)。大语言模型应用流程中可能因易受攻击的组件或服务产生漏洞,导致安全性降低。使用第三方数据集、预先训练的模型和插件都增加了攻击点。

(6) 敏感信息泄露(Sensitive Information Disclosure)。大语言模型可能在其回应中无意透露机密数据,导致未经授权的数据访问、隐私泄露和安全漏洞。应实施数据清理和严格的用户政策以避免此问题。

(7) 不安全的插件设计(Insecure Plugin Design)。由于缺乏应用程序控制,大语言模型插件可能具有不安全的输入和不严格的权限控制。攻击者可以利用这些漏洞实施攻击,导致严重后果,例如远端程序代码执行。

(8) 过度授权(Excessive Agency)。授予大语言模型系统过多的功能、权限或自主权,有可能导致大语言模型系统执行预期之外的行动与产生超过权限的输出。

(9) 过度依赖(Overreliance)。大语言模型生成的内容不保证100%正确或合适。若系统或人员过度依赖大语言模型而没有监管查证,可能会面临错误信息、误传、法律问题和安全漏洞。

(10) 模型盗窃(Model Theft)。未经授权地访问、复制或外流专有大语言模型,可能导致经济损失、削弱竞争优势和敏感信息泄露。

大语言模型容易受到攻击的主要原因如下:

(1) 输入输出的不可控性。由于神经计算的不确定性,即使对相同的输入,模型的输出也可能不同,这使得结果难以预测和控制。

(2) 架构相关的问题。许多模型,特别是基于Transformer的模型,在设计时主要关注性能优化,而在安全性方面的考虑不足。

(3) 模型透明度的限制。模型的内部工作机制复杂,难以透明地解释其决策过程,这是模型固有的缺陷。

(4) 自然语言的复杂性。大语言模型的一个革命性贡献是在自然语言和计算机语言之间架起桥梁,但这也带来了安全风险,因为模型可能被用来执行计算机语言的命令。

(5) 注意力机制的双刃剑。注意力机制帮助模型在正确的信息点上集中处理能力,但它也可能被恶意利用,转移模型的注意力。

大语言模型能力强大,倘若被攻击者利用,可能会造成难以预料的严重后果。虽然大多数商用和开源大语言模型都存在一定的内置安全机制,但是并不一定能防御形式各异的对抗攻击。随着ChatGPT的发布,大语言模型应用正在快速大范围铺开。但是,对抗攻击依然有可能让模型输出不安全内容。

10.1.2　对抗攻击的类型

1. token 操作

给定一段包含一个 token 序列的文本输入,可以使用简单的 token 操作(例如替换成同义词)诱使模型给出错误预测。基于 token 操作的攻击属于黑盒攻击。Morris 等在 2020 年发表的论文 *TextAttack：A Framework for Adversarial Attacks，Data Augmentation，and Adversarial Training in NLP* 实现了许多词和 token 操作攻击方法,可用于为自然语言处理模型创建对抗样本。例如,可以通过尽可能少的 token 操作让模型无法生成正确答案。另外,还有关键词替换、同义词替换等方法。

2. 基于梯度的攻击

如果是白盒攻击,则攻击者可以获取所有的模型参数和架构。因此,攻击者就可以依靠梯度下降通过编程方式学习最有效的攻击手段。基于梯度的攻击仅在白盒设置下有效,例如开源大语言模型。Guo 等在 2021 年发表的论文 *Gradient-based Adversarial Attacks against Text Transformers* 中提出的基于梯度的分布式攻击使用了 Gumbel-Softmax 近似技巧使对抗损失优化可微,还使用了 BERTScore 和困惑度增强可感知性和流畅性。HotFlip 可以扩展用于 token 删除或增添。Wallace 等提出了一种在 token 上进行梯度引导式搜索的方法,可以找到诱使模型输出特定预测结果的短序列,这个短序列被称为通用对抗触发器,它不受输入的影响,这意味着这些触发器可以作为前缀(或后缀)连接到来自数据集的任意输入上。这些 token 搜索方法可以使用波束搜索增强。当寻找最优的 token 嵌入时,可以选取前几个候选项,而不是只选取一个,在当前这批数据上从左到右搜索,并根据 _adv 为每个波束评分。

因为通过对抗触发器是与输入无关的,并且可以在有不同嵌入、token 化方案和架构的模型之间迁移,所以它们也许可以有效地利用训练数据中的偏差,毕竟这种偏差已经融入模型的全局行为中。使用通过对抗触发器攻击有一个缺点:很容易检测出来。其原因是所学习到的触发器往往是毫无意义的。

3. 越狱攻击

越狱攻击是以对抗方式诱使大语言模型输出应当避免的有害内容。越狱是黑盒攻击,因此词汇组合是基于启发式方法和人工探索进行的。Wei 等在 2023 年发表的论文 *Jailbroken：How Does LLM Safety Training Fail？* 中提出了大语言模型安全的两种失败模式,可用于指导越狱攻击的设计。

(1)互相竞争的目标。这是指模型的能力与安全目标相冲突的情况。利用互相竞争的目标的越狱攻击方法如下:

① 前缀注入。要求模型开始时必须使用肯定性的确认语句。

② 拒绝抑制。为模型提供详细的指令,让其不要以拒绝的格式进行响应。

③ 风格注入。要求模型不使用长词汇,这样模型就无法进行专业性写作,从而给出免责声明或拒绝解释的理由。

④ 其他。角色扮演成 DAN、AIM 等。

(2)失配的泛化。这是指安全训练无法泛化到其具有能力的领域。当输入位于模型

的安全训练数据分布之外,但又位于其宽泛的预训练语料库范围内时,就会出现这种情况。例子如下:

① 特殊编码。使用 Base64 编码构建对抗性输入。

② 字符变换。ROT13 密码、火星文、用视觉上相似的数字和符号替换字母、莫尔斯电码。

③ 词变换。Pig Latin(用同义词替换敏感词)、负载拆分(将敏感词拆分成子字符串)。

④ 提示层面的混淆。翻译成其他语言、要求模型以其能理解的方式进行混淆。

Greshake 等在 2023 年发表的论文 *Not what you've signed up for: Compromising Real World LLM-Integrated Applications with Indirect Prompt Injection* 在较高层面上观察了提示注入攻击。该文指出,即使攻击无法提供详细的方法而仅仅提供一个目标时,模型也有可能自动实现它。当模型可以访问外部 API 和工具时,对更多信息(甚至是专有信息)的获取可能导致更大的钓鱼攻击和私密窥探攻击风险。

◈ 10.2 大语言模型应用的安全核心组成

安全工作就像一场攻防战,第一要务就是明确这场攻防战需要保护的核心资产是什么。大语言模型应用的安全核心包括数据安全、模型安全、基础设施安全和伦理道德。

10.2.1 数据安全

大语言模型作为机器学习的一个分支,它的能力也是从数据中学习到的。如果恶意用户精心构造的有毒数据被输入大语言模型,自然也会得到不怀好意的输出。因此,对模型的数据安全的防护尤为重要。提示注入漏洞、训练数据毒化漏洞就是数据安全出现了问题。这可能导致模型产出带有偏见、仇恨的内容,给业务带来风险。

10.2.2 模型安全

大语言模型本身如果被恶意破坏,攻击者就可以通过篡改它的参数或者输出,使得模型的输出不再可信。因此,需要保护模型免受篡改,并确保其参数和输出的完整性,采取措施防止对模型的架构和参数进行未经授权的修改或更改,维护其学习表示的可信度。

10.2.3 基础设施安全

基础设施安全不是大语言模型特有的安全事项,但它对于大语言模型的稳健性有着至关重要的作用。通过采取严格的措施保护服务器、网络连接和托管环境的其他组件,部署安全协议,如防火墙、入侵检测系统和加密机制,以防范潜在威胁和未经授权的访问。

10.2.4 伦理道德

涉及采取措施防止大语言模型生成有害内容、误导信息或带有偏见的输出。确保这些模型负责任地部署和使用,以促进更负责任、值得信赖的大语言模型技术应用。

针对角色扮演攻击的防御不仅需要关注这些攻击的内部机制,还要解决这些固有的问题。这可能包括增加模型的透明度、优化模型对输入的解释能力,以及设计更为精细的安全措施监测和防范潜在的攻击行为。随着大语言模型在各个领域的应用变得越来越广泛,确保这些模型的安全性已经成为紧迫的研究和实践课题。

◆ 10.3　大语言模型的对抗攻击与防御

不安全的大语言模型对话场景包括政治敏感、犯罪违法、身体健康、心理健康、财产隐私、歧视/偏见、辱骂/仇恨言论、伦理道德。针对以上 8 个安全场景对大语言模型进行有针对性的升级。通过收集多轮安全数据训练模型,使模型具备基本的安全性,能够在遇到安全问题时执行正确的回复策略。进一步对模型进行自动测试,针对安全缺陷通过微调的方式进行快速迭代,促使模型越来越符合人类的认知理解模式,生成更加安全可信的内容。

10.3.1　建立安全框架

定义大语言模型的应用边界,打造更可控、可信的大语言模型安全框架。需要构造一个大语言模型系统内置安全机制。安全模型的核心在于理解系统架构,识别出潜在的威胁和攻击,并采取相应的安全措施保护系统。安全模型的开发是至关重要的。一个好的安全模型可以有效地防止攻击者利用系统漏洞进行攻击,保护系统信息和数据的安全。

在开发安全模型时,需要遵循一些基本原则:

(1) 要确保模型的可扩展性。随着系统的规模不断扩大,安全模型也必须能够随之扩展,以保护更多的系统和数据。

(2) 要确保模型的可维护性。安全模型需要不断地更新和改进,以应对新的威胁和攻击。因此,一个好的安全模型应该易于维护和更新。

(3) 需要关注一些关键技术。其中,最基本的是风险评估和安全分析技术。通过这些技术,可以识别出系统面临的风险和威胁,并采取相应的安全措施。

(4) 需要使用加密技术和安全协议,以确保数据的安全性和完整性。

(5) 在实践中,安全模型开发还需要考虑一些实际因素。例如,需要了解系统的运行环境(包括硬件和软件环境)以及系统的业务需求和规范。同时,还需要考虑成本和效益问题,以确保安全模型的实施不会对系统的性能和成本产生过大的影响。

10.3.2　建设大语言模型应用安全开发策略

应用的安全开发不是一个孤立事情,即不能指望由应用开发人员单一角色承担整个应用安全的落地实施。应用安全涉众包括企业管理层、安全应急团队、运维团队、技术团队及产品团队,甚至包括相关采购人员、人力资源管理人员等。各方人员的配合需要一套高效开放的制度流程保障。

在基于大语言模型应用安全开发中,应特别注意以下几点。

1. 复盘原有安全策略

大语言模型应用安全开发并不是推翻原有安全策略,而主要是将目前大语言模型领域的安全策略集成到已有的安全策略当中。针对当前已经实施的安全策略进行复盘,要点如下:

(1) 梳理现有安全保障措施,评估其是否足够保障模型安全、数据安全和基础设置安全,是否需要更新安全保障策略。

(2) 梳理新增 AI 的相关业务,评估目前的安全策略是否合适。例如在生成式人工智能技术发展的当下,语音识别、人脸检测等身份验证手段的可信度会降低。

(3) 学习大语言模型相关安全漏洞,评估当前业务及技术架构下是否存在新的安全风险,及时修复漏洞。

2. 威胁建模

威胁建模是一种系统性的方法,用于识别、分析和评估组织所面临的各种潜在威胁。这一过程涉及确定可能的威胁、潜在的漏洞以及可能受到影响的资产,然后评估这些威胁对组织的影响程度和概率。在部署大语言模型之前进行威胁建模以及针对生成式人工智能加速攻击的威胁建模是最经济的方式,可以识别和降低风险、保护数据、保护隐私,并确保与业务安全、合规地整合。

梳理当前大语言模型应用架构的风险边界,评估存在哪些漏洞可能导致风险,是否有足够的内部防范措施防止授权用户对业务的滥用,是否有足够的防范措施防止大语言模型的输出产生有害和不适当的内容。建模分析可以结合 OWASP Top 10 项目,针对业务形态和应用架构进行评估和分析。作为软件安全开发周期(Security Development Lifecycle,SDL)的一部分,建议威胁建模在产品需求和研发设计时并行实施。

3. 安全治理

安全治理是为了建立一个透明、负责的安全响应制度。指定明确的责任人,制定与业务相匹配的响应流程和明确的管理机制,是组织能够快速响应安全问题、减少业务损失的必要手段。建立组织的人工智能责任人机制,明确相关人员的职责。

将安全数据归档,记录人工智能风险事故、风险评估和相关责任人等。建立数据和模型的管理政策,应特别强调对数据访问权限的严格管理。

实施持续的监控机制,及时检测和响应安全事件和合规偏差。

4. 测试与验证

对于大语言模型应用需要进行严格的系统性测试和验证,发现和评估发现的安全问题。进行全面的安全评估,包括渗透测试和漏洞扫描,以识别并解决大语言模型部署中潜在的弱点。在条件允许的情况下组织红队模拟安全攻击,以发现任何可以被攻击者利用的现有漏洞。

5. 法律与监管

数据收集、模型输出等都要严格遵守法律法规。组织内部的 IT 部门、安全部门、研发部门和法律部门需要密切合作,识别风险,修补漏洞。定期对大语言模型部署进行审计和审查,评估其符合安全政策的程度,并识别需要改进的领域。

10.3.3　大语言模型应用防护方案

下面给出一个大语言模型应用防护方案示例。

1. 大语言模型 DDoS 清洗

采用抗 D 保 CC 防火墙、IP 地址限制、APP 专用防 CC 策略等功能,对 IP 地址的访问频率、流量进行限制,对 APP 端的伪造 CC 请求进行清洗,阻挡分布式拒绝服务(Distributed Denial of Service,DDoS)攻击。

2. 大语言模型应用安全

采用创宇盾网站防火墙、协同防御、精准访问控制等功能,拦截 XSS、SQL 注入等常见的 Web 应用攻击,并对包含恶意输入内容的提示攻击进行拦截。

3. 大语言模型 API 安全

采用创宇盾智能限速、屏蔽时间、精准访问控制等功能,保护大语言模型 API 免受恶意攻击。API 安全作为人工智能生态链的关键环节,在保障用户数据安全、防止黑客攻击、保护知识产权等方面发挥着至关重要的作用。只有不断加强 API 安全的保障,才能确保整个人工智能生态链的稳定运行和长期发展。

4. 大语言模型内容安全

采用净网盾、隐私盾对大语言模型应用源站因遭受恶意攻击而返回的个人敏感信息、煽动仇恨的言论、假新闻等内容进行过滤,防止这些敏感数据泄露到互联网,被人非法利用。

10.3.4　应对攻击的策略

1. 鞍点问题

Madry 等在 2017 年发表的 *Towards Deep Learning Models Resistant to Adversarial Attacks* 一文中提出了一个对抗鲁棒性框架,即将对抗鲁棒性建模成一个鞍点问题,这样就使其变成了一个鲁棒优化(robust optimization)问题。该框架是为分类任务的连续输入而提出的。它用相当简洁的数学公式描述了双层优化过程。

假定一个分类任务,其基于由配对的(样本,标签)构成的数据分布。训练一个鲁棒分类器的目标就是一个鞍点问题:

$$\min_{\theta} \mathbb{E}_{(x,y)\sim\mathcal{D}}\Big[\max_{\delta\sim\mathcal{S}} \mathcal{L}(x+\delta,y;\theta)\Big]$$

例如,希望一张图像的对抗版本看起来与原始版本类似。其目标由一个内部最大化问题和一个外部最小化问题组成:

- 内部最大化问题。寻找能导致高损失的最有效的对抗数据点。所有对抗性攻击方法最终都可归结为如何最大化这个内部过程的损失。
- 外部最小化问题。寻找最佳的模型参数化方案,使得由内部最大化过程找到的最有效攻击的损失能被最小化。要训练出鲁棒的模型,一个简单方法是将每个数据点替换为其扰动版本,这些版本可以是一个数据点的多个对抗变体。

研究发现,面对对抗攻击的鲁棒性需要更大的模型能力,因为这会让决策边界变得复杂,如图 10.1 所示。在没有进行数据增强的前提下,模型更大有助于提升模型的鲁棒性。

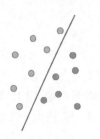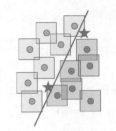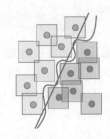

图 10.1   决策边界变得复杂

2. 大语言模型鲁棒性

Xie 等在 2023 年发表的论文 *Defending ChatGPT against Jailbreak Attack via Self Reminder* 提出了一种保护模型免受对抗攻击的简单、直观的方法：明确地指示模型成为负责任的模型，不要生成有害内容。这会极大地降低越狱攻击的成功率，但对模型的生成质量会有副作用，这是因为这样的指示会让模型变得保守（例如不利于创意写作），或者会在某些情况下错误地解读指令（例如在安全-不安全分类时）。为了降低对抗攻击风险，最常用的方法是用这些攻击样本训练模型，这种方法被称为对抗训练。这也被认为是最强的防御方法，但是它需要在鲁棒性和模型性能之间寻找平衡。

10.3.5   大语言模型部署过程中的安全防御策略

大语言模型的工程化部署包括从数据训练、测试到模型生成的全过程以及模型在端侧和云端的部署。部署过程中的防御策略主要集中在两个关键点：

（1）提示工程。位于用户输入层面，通过对用户输入（即提示）进行工程化处理，可以在输入层面阻止攻击或减轻攻击的影响。

（2）模型微调。在模型构建过程的微调阶段实施安全措施，通过微调模型参数和训练数据提高模型识别和阻止不当输出的能力。

通过在这两个阶段采取措施，旨在确保整个用户交互过程中输出内容的安全性，从而减轻潜在的安全威胁。这要求在模型的设计和部署中综合考虑安全性需求，并将其作为模型评估的核心部分。这种方法的目标是创建一个更加健壮的系统，能够抵御角色扮演攻击，同时保持模型性能和用户体验。

在面对角色扮演攻击的防御措施方面，有人提出了两种技术方法：

（1）增加对冲角色。通过提示工程，在用户输入阶段引入对冲角色。这涉及在多个维度（如语气、位置、内容）修改用户的输入，以削弱潜在的恶意输入的影响。测试结果显示，这种方法在两种模型上的防御成功率非常高，可达 90%，特别是在 ChatGPT 模型上防御成功率表现稳定。

（2）配合预置策略。恶意用户可能控制单次输入，但不太可能控制更多因素，因此，在模型接收到用户输入时，可以配合预置策略，整体平衡用户可能带来的风险。测试结果表明，这种方法能够将大语言模型输出的不规范内容减少 70%。

这两种技术方法表明，通过深入理解用户输入与模型输出之间的交互动态，并采取有针对性的工程措施，可以显著增强大语言模型的安全性。增加对冲角色和配合预置策略方法,展示了通过细致的提示工程可以有效地防范恶意输入,从而在安全防御上取得积极效果。这两种技术方法也说明,在大语言模型部署前制定输入管理和处理策略极为重要。这些策略旨在创造一个更加安全可靠的人工智能交互环境。

在第二个防御策略关键点,即模型微调阶段,通过微调可以增强模型的抗攻击能力。微调的关键在于利用高质量数据,特别是专业领域的数据。为此,可以采用以下几种数据生成方法:

(1)模板生成。这种方法涉及创建一组预设的模板,通过向模板中插入不同的行为配置生成数据。

(2)迁移学习。它是将从一个任务学到的知识应用到另一个相关任务上的过程。

(3)数据增强。通过各种技术手段(如扩展、修改或合成数据)增强数据集的多样性。

(4)对抗生成。使用对抗性方法生成新的数据样本,以提高模型在面对未知攻击时的鲁棒性。

为了生成恶意样本,首先从业务系统中筛选出恶意角色的数据作为种子,然后在此基础上拆解和融入随机性以生成新的样本。此过程充分利用了大语言模型的能力。实际上,在防御大模型的安全威胁时也在利用大语言模型的能力。

综合这些方法后的防御结果表明,输出在词汇选择和语义上都得到了显著改善。实测结果显示,这些防御措施能够使模型输出合适性的概率提升约 90%。这表明,通过细致的微调和高质量的数据生成,可以有效地提高大语言模型在安全领域的防御能力,降低其被恶意利用的风险。

思 考 题

1. 大模型知道什么,还不知道什么?

2. 有哪些能力是大模型才能习得而小模型无法学到的?

3. 如何训练大模型?

4. 在模型规模不断增大的过程中,如何准备数据和组合,寻找最优训练配置,预知下游任务的性能? 即,如何掌握训练大模型的规律?

5. 能否找到比 Transformer 更好、更高效的网络框架?

6. ChatGPT 的成功意味着大模型已经基本掌握了人类语言,能够通过指令微调领会用户意图并完成任务。面向未来,还有哪些人类独有的认知能力是现在的大模型仍然达不到的?

7. 大模型虽然在很多方面取得了显著突破,但是生成幻觉问题依然严重,在专业领域任务上面临不可信、不专业的挑战。这些任务往往需要专业化工具或领域知识支持才能解决。怎样才能使得大模型更好地完成复杂的专业领域任务?

8. 未来在预测这个方向上,如何将领域知识(如法律、生物医学等的专业知识)加入人工智能擅长的大规模数据建模以及大模型生成过程中?

9. 在你所熟悉的专业领域采集原始数据,试用 BERT 或 Transformer 源代码进行预训练,用专业样本数据进行微调,生成一个在该专业领域具体、实用的行业大模型系统。

BERT 源码分析

下面从源码角度对 BERT 模型结构进行分析。分析的源码为基于 PyTorch 的 HuggingFace Transformer。

git 地址：https://github.com/huggingface/transformers。

BERT 源码在 src/transformers/modeling_bert.py 中，入口类为 BertModel。

模型和代码地址：https://github.com/google-research/be。

1. 入口和总体架构

使用 BERT 进行下游任务微调时，通常先构造一个 BertModel，然后由它从输入语句中提取特征，得到输出。BertModel 的构造方法如下：

```
class BertModel(BertPreTrainedModel):
    """
    模型入口，可以作为一个编码器
    """
    def __init__(self, config):
        super().__init__(config)
        self.config=config
        # 1. embedding 层
        self.embeddings=BertEmbeddings(config)
        # 2. encoder 层
        self.encoder=BertEncoder(config)
        # 3. pooler 层，CLS 位置输出
        self.pooler=BertPooler(config)
        # 从预训练模型加载初始化参数，进行多头剪枝等
        self.init_weights()
    def get_input_embeddings(self):
        # 获取嵌入层的 word_embeddings
        # 不要直接用它作为固定的词向量，需要在下游任务中微调
        # 直接使用固定的词向量，例如在 LSTM 网络中，不如直接使用预训练词向量
        return self.embeddings.word_embeddings
    def set_input_embeddings(self, value):
        # 利用别的数据初始化 word_embeddings
        # 正常情况下，使用 BERT 预训练模型中的 word_embeddings 即可，不需要重设
        self.embeddings.word_embeddings=value
```

上面的构造方法主要做了 3 件事：

（1）读取配置，它可以是一个 BertConfig 对象，包括 vocab_size、num_attention_

heads 和 num_hidden_layers 等重要参数，一般把它们放在配置文件 bert_config.json 中构造。

（2）embedding、encoder 和 pooler 3 个对象对应 embedding 层、encoder 层和 pooler 层。这 3 个对象也是要分析的主要对象。

（3）利用预训练模型初始化权重（weights），进行多头剪枝（prune_heads）等。

从输入语句提取特征，并得到输出，代码如下：

```python
def forward(
        self,
        input_ids=None,
        attention_mask=None,
        token_type_ids=None,
        position_ids=None,
        head_mask=None,
        inputs_embeds=None,
        encoder_hidden_states=None,
        encoder_attention_mask=None,
    ):
        # 省略一段输入预处理代码，主要为以下内容
        # input_ids 和 inputs_embeds 处理，支持这两种输入 token，但不能同时指定二者
        # 如果 attention_mask 为空，则默认构建为全 1 矩阵
        # token_type 默认为 0，表示语句 A 或 B，只能取 0 或 1，这是由预训练模型决定的
        # 如果被用作解码器，则处理 encoder_attention_mask
        # 处理 head_mask，可以利用它进行多头剪枝
        ...
    # embedding 层包括 word_embeddings、position_embeddings、token_type_embeddings
    embedding_output=self.embeddings(
        input_ids=input_ids,
        position_ids=position_ids,
        token_type_ids=token_type_ids,
        inputs_embeds=inputs_embeds
    )
    # encoder 层得到每个位置的编码、所有中间的隐含层和所有中间注意力分布
    encoder_outputs=self.encoder(
        embedding_output,
        attention_mask=extended_attention_mask,
        head_mask=head_mask,
        encoder_hidden_states=encoder_hidden_states,
        encoder_attention_mask=encoder_extended_attention_mask
    )
    sequence_output=encoder_outputs[0]
    # CLS 位置编码向量
    pooled_output=self.pooler(sequence_output)
    # 返回每个位置编码、CLS 位置编码、所有中间隐含层、所有中间注意力分布等
    # sequence_output、pooled_output、hidden_states 和 attentions
    # hidden_states 和 attentions 需要进行相关配置，否则默认不保存
    outputs=(sequence_output, pooled_output,) +encoder_outputs[
        1:
    ]  # 添加 hidden_states 和 attentions
    return outputs
```

由上可见，从输入语句中抽取特征，得到输出，主要包括 3 步：

（1）embedding 层对 input_ids、position_ids、token_type_ids 进行嵌入，它们都是采用 embedding_lookup 查表得到的。

（2）嵌入后的结果，经过多层 Transformer 编码器，得到输出。每一层编码器结构基本相同，均包括多头自注意力和前馈，并经过层归一化和残差连接。

（3）pooler 层对 CLS 位置进行线性全连接，将它作为整个序列的输出。

最终返回以下 4 个结果：

（1）sequence_output：每个位置的编码输出，每个位置对应一个向量。

（2）pooled_output：CLS 位置编码输出。一般用 CLS 代表整个语句。

（3）hidden_states：所有中间的隐含层。它需要在 config 中打开，才会保存下来。

（4）attentions：所有中间的注意力分布。它也需要在 config 中打开，才会保存下来。

下面分别对 embedding 层、encoder 层和 pooler 层进行分析。

2. embedding 层

embedding 层代码如下：

```
class BertEmbeddings(nn.Module):
    """Construct the embeddings from word, position and token_type embeddings.
    """
    def __init__(self, config):
        super().__init__()
        #word_embeddings、position_embeddings 和 token_type_embeddings 均采用
        #自训练方式
        #max_position_embeddings 决定了最大语句长度,如 512,超过则截断,不足则填充
        #token_type_embeddings 决定了最大语句种类数,一般为 2
        self.word_embeddings=nn.Embedding(config.vocab_size, config.hidden_
            size, padding_idx=config.pad_token_id)
        self.position_embeddings= nn. Embedding ( config. max _ position _
            embeddings, config.hidden_size)
        self.token_type_embeddings=nn. Embedding (config.type_vocab_size,
            config.hidden_size)
        #归一化和移除。layerNorm 对归一化进行线性连接,故有训练参数
        self.LayerNorm=BertLayerNorm(config.hidden_size, eps=config.layer_
            norm_eps)
        self.dropout=nn.Dropout(config.hidden_dropout_prob)
    def forward(self, input_ids=None, token_type_ids=None, position_ids=
            None, inputs_embeds=None):
        # 获取 input_shape
        if input_ids is not None:
            input_shape=input_ids.size()
        else:
            input_shape=inputs_embeds.size()[:-1]
        seq_length=input_shape[1]
        device=input_ids.device if input_ids is not None
            else inputs_embeds.device
        if position_ids is None:
            # position_ids 默认按照字的顺序进行编码,不足时补 0
```

```
            position_ids=torch.arange(seq_length, dtype=torch.long, device
                =device)
            position_ids=position_ids.unsqueeze(0).expand(input_shape)
        if token_type_ids is None:
            # token_type_ids 默认为全 0,也就是都为语句 A
            token_type_ids=torch.zeros(input_shape, dtype=torch.long, device
                =device)
        # 通过 embedding_lookup 查表,将 ids 向量化
        if inputs_embeds is None:
            inputs_embeds=self.word_embeddings(input_ids)
        position_embeddings=self.position_embeddings(position_ids)
        token_type_embeddings=self.token_type_embeddings(token_type_ids)
        # 最终 embeddings 为三者直接相加,不用加权
        # 因为权值完全可以包含在 embeddings 本身的训练参数中
        embeddings=inputs_embeds +position_embeddings +token_type_embeddings
        # 归一化和移除后,得到最终输入向量
        embeddings=self.LayerNorm(embeddings)
        embeddings=self.dropout(embeddings)
        return embeddings
```

embedding 层的主要步骤如下:

(1) 从 3 个 embeddings 表中通过 id 查找到对应向量。3 个 embeddings 表为 word_embeddings、position_embeddings 和 token_type_embeddings,均是在训练阶段得到的。

(2) 3 个 embeddings 向量直接相加,得到总的 embeddings。注意,此处没有加权,因为权值可以被包含在各 embeddings 中。

(3) 对总的 embeddings 进行归一化和移除。

3. encoder 层

encoder 层代码如下:

```
class BertEncoder(nn.Module):
    def __init__(self, config):
        super().__init__()
        self.output_attentions=config.output_attentions
        self.output_hidden_states=config.output_hidden_states
        # 每层结构相同,都是 BertLayer
        self.layer=nn.ModuleList([BertLayer(config) for _ in range(config.
            num_hidden_layers)])
    def forward(
        self,
        hidden_states,
        attention_mask=None,
        head_mask=None,
        encoder_hidden_states=None,
        encoder_attention_mask=None,
    ):
        all_hidden_states=()
        all_attentions=()
        # 遍历所有层。BERT 中每层结构相同
```

```
            for i, layer_module in enumerate(self.layer):
                # 保存每层 hidden_states, 默认不保存
                if self.output_hidden_states:
                    all_hidden_states=all_hidden_states + (hidden_states,)
                # 执行每层自注意力和前馈计算。得到隐含层输出
                layer_outputs=layer_module(hidden_states, attention_mask, head_
                    mask[i], encoder_hidden_states, encoder_attention_mask
                )
                hidden_states=layer_outputs[0]
                # 保存每层注意力分布,默认不保存
                if self.output_attentions:
                    all_attentions=all_attentions + (layer_outputs[1],)
                # 保存最后一层
            if self.output_hidden_states:
                all_hidden_states=all_hidden_states + (hidden_states,)
            outputs=(hidden_states,)
            if self.output_hidden_states:
                outputs=outputs + (all_hidden_states,)
            if self.output_attentions:
                outputs=outputs + (all_attentions,)
        return outputs
```

encoder 层由多个结构相同的 BertLayer 子层组成。遍历所有的 BertLayer 子层,执行每层的自注意力和前馈计算,并保存每层的隐含状态和注意力分布。

1) BertLayer 子层

BertLayer 子层代码如下:

```
class BertLayer(nn.Module):
    def __init__(self, config):
        super().__init__()
        # 多头自注意力层
        self.attention=BertAttention(config)
        self.is_decoder=config.is_decoder
        if self.is_decoder:
        # 对于解码器,cross-attention 和 self-attention 共用一个函数
        # 两者仅 q、k、v 的来源不同
            self.crossattention=BertAttention(config)
        # 两层前馈全连接,然后进行残差连接并归一化输出
        self.intermediate=BertIntermediate(config)
        self.output=BertOutput(config)
    def forward(
        self,
        hidden_states,
        attention_mask=None,
        head_mask=None,
        encoder_hidden_states=None,
        encoder_attention_mask=None,
    ):
        # 自注意力, 支持 attention_mask 和 head_mask
```

```
        self_attention_outputs=self.attention(hidden_states, attention_mask,
            head_mask)
        # 隐含层输出
        attention_output=self_attention_outputs[0]
        # 注意力分布
        outputs=self_attention_outputs[1:]
        # 对于解码器,自注意力计算结束后,还需要执行一层软注意力
        # 使编码器信息和解码器信息产生交互
        if self.is_decoder and encoder_hidden_states is not None:
            cross_attention_outputs=self.crossattention(
                attention_output, attention_mask, head_mask, encoder_hidden_
                    states, encoder_attention_mask
            )
            attention_output=cross_attention_outputs[0]
            outputs=outputs +cross_attention_outputs[1:]
        # 前馈和归一化;
        intermediate_output=self.intermediate(attention_output)
        layer_output=self.output(intermediate_output, attention_output)
        # 输出隐含层和注意力分布
        outputs= (layer_output,) +outputs
        return outputs
```

BertLayer 子层的操作主要包括 3 步:

(1) 多头自注意力,支持 attention_mask 和 head_mask。

(2) 如果将 BERT 用作解码器,自注意力计算结束后,还需要执行一层软注意力,使编码器信息和解码器信息产生交互。

(3) 前馈全连接和归一化。

主要操作有 BertAttention、BertIntermediate 和 BertOutput,下面分别介绍它们的实现。

2) BertAttention

BertAttention 完成注意力计算,代码如下:

```
class BertAttention(nn.Module):
    def __init__(self, config):
        super().__init__()
        # 自注意力
        self.self=BertSelfAttention(config)
        # 加和归一化
        self.output=BertSelfOutput(config)
        # 多头剪枝
        self.pruned_heads=set()
    def prune_heads(self, heads):
        # 对每层多头进行裁剪,是一种直接对权重矩阵剪枝的方式,效果比较明显
        # 总体方法为:利用 attention mask。要剪除的头,其掩码为 1;要保留的头,其掩码为 0
        if len(heads) ==0:
            return
        # mask 为全 1 矩阵
```

```
        mask=torch.ones(self.self.num_attention_heads, self.self.attention_
            head_size)
        heads=set(heads) - self.pruned_heads   # 去掉要剪除的头
        for head in heads:
            # 需要保留的头对应的掩码设置为 0,需要剪除的头则保持 1
            head=head - sum(1 if h < head else 0 for h in self.pruned_heads)
            mask[head]=0
        mask=mask.view(-1).contiguous().eq(1)
        index=torch.arange(len(mask))[mask].long()
        # q、k、v 和全连接,加入 mask
        self.self.query=prune_linear_layer(self.self.query, index)
        self.self.key=prune_linear_layer(self.self.key, index)
        self.self.value=prune_linear_layer(self.self.value, index)
        self.output.dense=prune_linear_layer(self.output.dense, index, dim=1)
        # 更新超参数,存储剪除的头
        self.self.num_attention_heads=self.self.num_attention_heads - len(heads)
        self.self.all_head_size=self.self.attention_head_size * self.self.
            num_attention_heads
        self.pruned_heads=self.pruned_heads.union(heads)
    def forward(
        self,
        hidden_states,
        attention_mask=None,
        head_mask=None,
        encoder_hidden_states=None,
        encoder_attention_mask=None,
    ):
        # 自注意力计算
        self_outputs=self.self(
            hidden_states, attention_mask, head_mask, encoder_hidden_states,
                encoder_attention_mask
        )
        # 残差连接和归一化
        attention_output=self.output(self_outputs[0], hidden_states)
        # 输出归一化后的隐含层和注意力分布
        outputs=(attention_output,) + self_outputs[1:]
        return outputs
```

BertSelfAttention 主要包括两步,即自注意力计算和归一化残差连接。简略代码分析如下:

```
class BertSelfAttention(nn.Module):
    def __init__(self, config):
        super().__init__()
        if config.hidden_size % config.num_attention_heads !=0 and not hasattr
                (config, "embedding_size"):
            raise ValueError(
                "The hidden size (%d) is not a multiple of the number of attention "
                "heads (%d)" % (config.hidden_size, config.num_attention_heads)
            )
        self.output_attentions=config.output_attentions
```

```python
        # 每个头的隐含层大小等于总隐含层大小除以头数
        # 故增加多个头，每个头的大小下降，总隐含层大小不变
        self.num_attention_heads=config.num_attention_heads
        self.attention_head_size=int(config.hidden_size/config.num_attention_
            heads)
        self.all_head_size=self.num_attention_heads * self.attention_head_
            size
        # q、k、v 矩阵
        self.query=nn.Linear(config.hidden_size, self.all_head_size)
        self.key=nn.Linear(config.hidden_size, self.all_head_size)
        self.value=nn.Linear(config.hidden_size, self.all_head_size)
        self.dropout=nn.Dropout(config.attention_probs_dropout_prob)
    def transpose_for_scores(self, x):
        new_x_shape=x.size()[:-1] +(self.num_attention_heads, self.attention_
            head_size)
        x=x.view(* new_x_shape)
        return x.permute(0, 2, 1, 3)
    def forward(
        self,
        hidden_states,
attention_mask=None,
        head_mask=None,
        encoder_hidden_states=None,
        encoder_attention_mask=None,
    )
        # 多头查询向量
        mixed_query_layer=self.query(hidden_states)
        # 多头键和值向量。注意软注意力和自注意力的区别
        if encoder_hidden_states is not None:
        # 软注意力，k 和 v 来自编码器，而 q 来自解码器
            mixed_key_layer=self.key(encoder_hidden_states)
            mixed_value_layer=self.value(encoder_hidden_states)
            attention_mask=encoder_attention_mask
            # attention_mask，例如遮挡预测字后面的字，防止未来数据穿越
        else:
            # 自注意力，q、k、v 都来自解码器
            mixed_key_layer=self.key(hidden_states)
            mixed_value_layer=self.value(hidden_states)
            # q、k、v 转置
        query_layer=self.transpose_for_scores(mixed_query_layer)
        key_layer=self.transpose_for_scores(mixed_key_layer)
        value_layer=self.transpose_for_scores(mixed_value_layer)
        # 注意力计算
        # q * k 计算两个向量的相关性。除以 √dk，对向量长度做归一化，防止方差过大
        attention_scores=torch.matmul(query_layer, key_layer.transpose(-1, -2))
        attention_scores=attention_scores / math.sqrt(self.attention_head_
            size)
        # attention_mask 代表两个不同位置间是否计算注意力
        # 解码器的 attention_mask 为一个上三角矩阵，防止未来信息穿越
        # 编码器也要使用 attention_mask，填充位置与其他所有位置为 0
        # 计算层面，mask 中的 0 实际上为一个绝对值很大的负数
        # 使得执行 softmax 时趋近 0.1，则实际为 0
```

```
            if attention_mask is not None:
                attention_scores=attention_scores+attention_mask
            # softmax 归一化和移除
        attention_probs=nn.Softmax(dim=-1)(attention_scores)
        attention_probs=self.dropout(attention_probs)
        # 直接将一个头剪除
        if head_mask is not None:
            attention_probs=attention_probs * head_mask
        # value 矩阵加权求和,attention_probs 可看作一个权重矩阵
        context_layer=torch.matmul(attention_probs, value_layer)
        context_layer=context_layer.permute(0, 2, 1, 3).contiguous()
        new_context_layer_shape=context_layer.size()[:-2]+(self.all_head_
            size,)
        context_layer=context_layer.view(* new_context_layer_shape)
        # 最终输出注意力计算后隐含层和注意力分布矩阵
        # attention 矩阵表示不同位置间两两相关关系,甚至比隐含层更重要
        outputs=(context_layer, attention_probs) if self.output_attentions
            else (context_layer,)
        return outputs
class BertSelfOutput(nn.Module):
    def __init__(self, config):
        super().__init__()
        # 线性连接、归一化和移除
        self.dense=nn.Linear(config.hidden_size, config.hidden_size)
        self.LayerNorm=BertLayerNorm(config.hidden_size, eps=config.layer_
            norm_eps)
        self.dropout=nn.Dropout(config.hidden_dropout_prob)
    def forward(self, hidden_states, input_tensor):
        # 线性连接
        hidden_states=self.dense(hidden_states)
        # 移除
        hidden_states=self.dropout(hidden_states)
        # 残差连接,并做归一化,从而保证 self-attention 和 feed-forward 模块的输入
        # 均是经过归一化的
        # layerNorm 中包含训练参数 w 和 b
        hidden_states=self.LayerNorm(hidden_states+input_tensor)
        return hidden_states
```

3）BertIntermediate

BertIntermediate 完成全连接,代码如下:

```
class BertIntermediate(nn.Module):
    def __init__(self, config):
        super().__init__()
        self.dense=nn.Linear(config.hidden_size, config.intermediate_size)
        if isinstance(config.hidden_act, str)
            self.intermediate_act_fn=ACT2FN[config.hidden_act]
        else:
            self.intermediate_act_fn=config.hidden_act
    def forward(self, hidden_states):
```

```
        # 全连接
        hidden_states=self.dense(hidden_states)
        # 非线性激活，BERT 默认使用 glue
        hidden_states=self.intermediate_act_fn(hidden_states)
        return hidden_states
```

前馈这一步比较简单，主要是全连接和非线性激活。

4）BertOutput

BertOutput 完成输出，代码如下：

```
class BertOutput(nn.Module):
    def __init__(self, config):
        super().__init__()
        self.dense=nn.Linear(config.intermediate_size, config.hidden_size)
        self.LayerNorm=BertLayerNorm(config.hidden_size, eps=config.layer_
            norm_eps)
        self.dropout=nn.Dropout(config.hidden_dropout_prob)
    def forward(self, hidden_states, input_tensor):
        # 全连接
        hidden_states=self.dense(hidden_states)
        # 移除
        hidden_states=self.dropout(hidden_states)
        # 加和归一化
        hidden_states=self.LayerNorm(hidden_states + input_tensor)
        return hidden_states
```

BertOut 也比较简单，经过一层全连接、移除、归一化和残差连接，即可得到输出的隐含层。

4. pooler 层

pooler 层对 CLS 位置向量进行全连接和 tanh 激活，从而得到输出向量。CLS 位置向量一般用来代表整个序列。pooler 层代码如下：

```
class BertPooler(nn.Module):
    def __init__(self, config):
        super().__init__()
        self.dense=nn.Linear(config.hidden_size, config.hidden_size)
        self.activation=nn.Tanh()
    def forward(self, hidden_states):
        # CLS 位置输出
        first_token_tensor=hidden_states[:, 0]
        # 全连接和 tanh 激活
        pooled_output=self.dense(first_token_tensor)
        pooled_output=self.activation(pooled_output)
        return pooled_output
```

◆ 参 考 文 献

[1] 周志华.机器学习[M].北京：清华大学出版社,2016.

[2] 邱锡鹏.神经网络与深度学习[M].北京：机械工业出版社,2020.

[3] 吴思颖.吴扬扬.基于中文 WordNet 的中英文词语相似度计算[J].郑州大学学报,2010,42(2)：66-69.

[4] 胡铭菲,左信,刘建伟.深度生成模型综述[J].自动化学报,2022,48(1)：40-72.

[5] 蔡莉,王淑婷,刘俊晖,等.数据标注研究综述[J].软件学报,2020(2)：302-320.

[6] 张博,郝杰,马刚,等.基于弱匹配概率典型相关性分析的图像自动标注[J].软件学报,2017(2)：292-309.

[7] 刘鹏,张燕.数据标注工程[M].北京：清华大学出版社,2019.

[8] 李然,林政,林海伦,等.文本情绪分析综述[J].计算机研究与发展,2018,55(1)：30-52.

[9] 雷龙艳.中文微博细粒度情绪识别研究[D].衡阳：南华大学,2014.

[10] 张俊林.深度学习中的注意力机制[J].程序员,2017(7)：14-30.

[11] 侯腾达.跨模态检索研究综述[J].计算机工程与应用,2022(24)：61-70.

[12] 黄凯奇.图像物体分类与检测算法综述[J].计算机学报,2014(6)：1225-1239.

[13] 陈龙.情感分类研究进展[J].计算机研究与发展,2017,54(6)：1150-1170.

[14] ZENG Z，YAO Y，LIU Z，et al. A deep-learning system bridging molecule structure and biomedical text with comprehension comparable to human professionals[J]. Nature Communications,2022,13(1)：862.

[15] JUMPER J，EVANS R，PRITZEL A，et al. Highly accurate protein structure prediction with AlphaFold[J]. Nature,2021,596(7873)：583-589.

[16] ASSAEL Y. Restoring and attributing ancient texts using deep neural networks[J]. Nature,2022,603(7900)：280-283.

[17] ANGELOV P P，GU X W. Toward anthropomorphic machine learning[J]. Computer Journal,2018(9)：18-27.

[18] ALAA A，VAN BREUGEL B，SAVELIEV E S,et al. How faithful is your synthetic data? Sample-level metrics for evaluating and auditing generative models［C］. In：International Conference on Machine Learning，2022：290-306.

[19] ALIMAN N-M，KESTER L. VR，deepfakes and epistemic security［C］. In：2022 IEEE International Conference on Artificial Intelligence and Virtual Reality（AIVR）. IEEE，2022：93-98.

[20] BEHNIA R,EBRAHIMI M R,PACHECO J,et al. EW-tune: A framework for privately fine-tuning large language models with differential privacy[C]. In：2022 IEEE International Conference on Data Mining Workshops（ICDMW）. IEEE，2022：560-566.

[21] BROWN T B,MANN B,RYDER N，et al. Language models are few-shot learners[J]. Advances in Neural Information Processing Systems，2020(33)：1877-1901.

[22] CETINIC E，SHE J. 2022. Understanding and creating art with AI：Review and outlook[J]. ACM Transactions on Multimedia Computing，Communications，and Applications（TOMM），2022,18(2)：1-22.

[23] CHE C J,LI X L,CHEN C,et al. A decentralized federated learning framework via committee mechanism with convergence guarantee［J］. IEEE Transactions on Parallel and Distributed Systems，2022,33(12)：4783-4800.

图书资源支持

感谢您一直以来对清华版图书的支持和爱护。为了配合本书的使用，本书提供配套的资源，有需求的读者请扫描下方的"书圈"微信公众号二维码，在图书专区下载，也可以拨打电话或发送电子邮件咨询。

如果您在使用本书的过程中遇到了什么问题，或者有相关图书出版计划，也请您发邮件告诉我们，以便我们更好地为您服务。

我们的联系方式：

清华大学出版社计算机与信息分社网站：https://www.shuimushuhui.com/

地　　址：北京市海淀区双清路学研大厦 A 座 714

邮　　编：100084

电　　话：010-83470236　　010-83470237

客服邮箱：2301891038@qq.com

QQ：2301891038（请写明您的单位和姓名）

资源下载： 关注公众号"书圈"下载配套资源。

资源下载、样书申请

书 圈

图书案例

清华计算机学堂

观看课程直播